1+X 职业技能鉴定考核指导手册

室内装饰设计员

（第 2 版）

四级

编审委员会

主　　任　仇朝东

委　　员　葛恒双　顾卫东　宋志宏　杨武星　孙兴旺
　　　　　刘汉成　葛　玮

执行委员　孙兴旺　张鸿樑　李　晔　瞿伟洁

中国劳动社会保障出版社

图书在版编目(CIP)数据

室内装饰设计员：四级/人力资源和社会保障部教材办公室等组织编写．—2 版．--北京：中国劳动社会保障出版社，2015

(1 + X 职业技能鉴定考核指导手册)

ISBN 978 - 7 - 5167 - 0718 - 0

Ⅰ. ①室…　Ⅱ. ①人…　Ⅲ. ①室内装饰设计-职业技能-鉴定-自学参考资料　Ⅳ. ①TU238

中国版本图书馆 CIP 数据核字(2015)第 095295 号

中国劳动社会保障出版社出版发行

（北京市惠新东街 1 号　邮政编码：100029）

*

三河市华骏印务包装有限公司印刷装订　新华书店经销

787 毫米 × 1092 毫米　16 开本　11 印张　176 千字

2015 年 6 月第 2 版　　2015 年 6 月第 1 次印刷

定价：25.00 元

读者服务部电话：（010）64929211/64921644/84643933

发行部电话：（010）64961894

出版社网址：http://www.class.com.cn

前 言

职业资格证书制度的推行，对广大劳动者系统地学习相关职业的知识和技能，提高就业能力、工作能力和职业转换能力有着重要的作用和意义，也为企业合理用工以及劳动者自主择业提供了依据。

随着我国科技进步、产业结构调整以及市场经济的不断发展，特别是加入世界贸易组织以后，各种新兴职业不断涌现，传统职业的知识和技术也愈来愈多地融进当代新知识、新技术、新工艺的内容。为适应新形势的发展，优化劳动力素质，上海市人力资源和社会保障局在提升职业标准、完善技能鉴定方面做了积极的探索和尝试，推出了1+X培训鉴定模式。1+X中的1代表国家职业标准，X是为适应上海市经济发展的需要，对职业标准进行的提升，包括了对职业的部分知识和技能要求进行的扩充和更新。上海市1+X的培训鉴定模式，得到了国家人力资源和社会保障部的肯定。

为配合上海市开展的1+X培训与鉴定考核的需要，使广大职业培训鉴定领域专家以及参加职业培训鉴定的考生对考核内容和具体考核要求有一个全面的了解，人力资源和社会保障部教材办公室、中国就业培训技术指导中心上海分中心、上海市职业技能鉴定中心联合组织有关方面的专家、技术人员共同编写了《1+X职业技能鉴定考核指导手册》。该手册由“理论知识复习题”“操作技能复习题”和“理论知识模拟试卷及操作技能模拟试卷”三大块内容组成，书中介绍了题库的命题依据、试卷结构和题型题量，同时从上海市1+X鉴定题库中抽取部分理论知识题、操作技能试题和模拟样卷供考生参考和练习，便于考生能够有针对性地进行考前复习准备。今后我们会随着国家职业标准以及鉴定题库的提升，逐步对手册内容进行补充和完善。

本系列手册在编写过程中，得到了有关专家和技术人员的大力支持，在此一并表示感谢。

由于时间仓促，缺乏经验，如有不足之处，恳请各使用单位和个人提出宝贵意见和建议。

1+X职业技能鉴定考核指导手册

编审委员会

改版说明

1+X职业技能鉴定考核指导手册《室内装饰设计员（四级）》自2010年出版以来深受从业人员的欢迎，在室内装饰设计员（四级）职业资格鉴定、职业技能培训和岗位培训中发挥了很大的作用。

随着我国科技进步、产业结构调整、市场经济的不断发展，新的国家和行业标准的相继颁布和实施，对室内装饰设计员（四级）的职业技能提出了新的要求。2012年上海市职业技能鉴定中心组织有关方面的专家和技术人员，对室内装饰设计员（四级）的鉴定考核题库进行了提升，计划于2015年公布使用，并按照新的室内装饰设计员（四级）职业技能鉴定考核题库对指导手册进行了改版，以便更好地为参加培训鉴定的学员和广大从业人员服务。

目　录

CONTENTS　1+X职业技能鉴定考核指导手册

室内装饰设计员职业简介

一、职业名称

室内装饰设计员。

二、职业定义

运用物质技术和艺术手段，对建筑物及飞机、车、船等内部空间进行室内环境设计的专业人员。

三、主要工作内容

从事的工作主要包括：（1）室内装饰产品的构思、设计、施工；（2）绘制产品布置图及施工图；（3）制定施工工艺流程；（4）成本预算；（5）协调解决施工过程中的技术问题等。

第1部分

室内装饰设计员（四级）鉴定方案

一、鉴定方式

室内装饰设计员（四级）的鉴定方式分为理论知识考试和操作技能考核。理论知识考试采用闭卷机考方式，操作技能考核采用现场实际操作（及笔试）方式。理论知识考试和操作技能考核均实行百分制，成绩皆达60分及以上者为合格。理论知识或操作技能不及格者可按规定分别补考。

二、理论知识考试方案（考试时间90 min）

题库参数 / 题型	考试方式	鉴定题量	分值（分/题）	配分（分）
判断题	闭卷机考	60	0.5	30
单项选择题		70	1	70
小计	—	130	—	100

三、操作技能考核方案

考核项目表

职业（工种）名称	室内装饰设计员		等级	四级			
职业代码							
项目名称	单元编号	单元内容	考核方式	选考方法	考核时间（min）	配分（分）	
室内装饰设计方案绘图	1	手工抄绘居住建筑室内装饰设计方案图纸	操作	必考	180	50	
	2	用 CAD 软件临摹居住建筑室内装饰设计方案图纸	操作	必考	180	50	
合计					360	100	
备注	居住建筑室内装饰设计方案为两室一厅或两室两厅房型						

第 2 部分

鉴定要素细目表

职业（工种）名称					室内装饰设计员	等级	四级
职业代码							
序号	鉴定点代码				鉴定点内容	备注	
	章	节	目	点			
	1				建筑设计基础		
	1	1			中外建筑史		
	1	1	1		中国古代建筑史		
1	1	1	1	1	中国史前建筑及先秦时期建筑		
2	1	1	1	2	中国秦代建筑		
3	1	1	1	3	中国唐代建筑		
4	1	1	1	4	中国宋代建筑		
5	1	1	1	5	中国明清建筑		
	1	1	2		外国古代建筑史		
6	1	1	2	1	史前建筑		
7	1	1	2	2	古埃及建筑		
8	1	1	2	3	欧洲古代建筑		
9	1	1	2	4	亚洲古代建筑		
10	1	1	2	5	美洲古代建筑		
	1	1	3		近现代建筑		

续表

职业（工种）名称					室内装饰设计员	等级	四级
职业代码							
序号	鉴定点代码				鉴定点内容		备注
	章	节	目	点			
11	1	1	3	1	外国近代、现代建筑		
12	1	1	3	2	中国近代、现代建筑		
	1	2			建筑设计基础原理		
	1	2	1		建筑设计的基本内容和基本原则		
13	1	2	1	1	建筑空间设计与功能分析		
14	1	2	1	2	建筑造型		
	1	2	2		建筑方案设计的内容与步骤		
15	1	2	2	1	建筑设计全过程与任务书		
16	1	2	2	2	建筑设计的主体		
	2				室内设计原理		
	2	1			人体工程学		
	2	1	1		人体工程学基本知识		
17	2	1	1	1	人体工程学含义		
18	2	1	1	2	人体测量学		
19	2	1	1	3	人体与环境的关系		
	2	1	2		各种活动尺寸和家具关系		
20	2	1	2	1	柜类家具设计依据		
21	2	1	2	2	椅类家具设计依据		
22	2	1	2	3	办公家具设计依据		
	2	1	3		人体工程学在室内设计中的应用		
23	2	1	3	1	人在室内活动空间重要依据		
24	2	1	3	2	家具设施的形态、尺度及其使用的主要数据		
25	2	1	3	3	室内物理环境的主要参数		

续表

职业（工种）名称					室内装饰设计员	等级	四级
职业代码							
序号	鉴定点代码				鉴定点内容		备注
	章	节	目	点			
26	2	1	3	4	室内环境中人们的心理行为		
	2	2			家具与陈设		
	2	2	1		家具分类及其尺寸		
27	2	2	1	1	家具在室内环境设计中的作用		
28	2	2	1	2	坐卧类家具		
29	2	2	1	3	凭倚类家具		
30	2	2	1	4	储存类家具		
	2	2	2		家具配置与作用		
31	2	2	2	1	居住空间室内环境家具配置		
32	2	2	2	2	商业空间室内环境家具配置		
33	2	2	2	3	办公空间室内环境家具配置		
	2	2	3		室内陈设分类及其作用		
34	2	2	3	1	实用性陈设品		
35	2	2	3	2	装饰性陈设品		
36	2	2	3	3	绿色陈设		
	2	2	4		室内陈设布置和设计的一般原则		
37	2	2	4	1	室内陈设陈列方式		
38	2	2	4	2	室内陈设布置遵循的一般原则		
	2	3			室内设计概论		
	2	3	1		室内设计含义		
39	2	3	1	1	室内设计与建筑设计的关系		
40	2	3	1	2	室内设计的内容		
41	2	3	1	3	室内装潢含义		

续表

职业（工种）名称					室内装饰设计员	等级	四级
职业代码							
序号	鉴定点代码				鉴定点内容	备注	
	章	节	目	点			
42	2	3	1	4	室内装饰含义		
43	2	3	1	5	室内装修含义		
44	2	3	1	6	室内设计含义		
	2	3	2		现代室内设计所具有的几个基本观点		
45	2	3	2	1	室内设计基本观点的首条		
	2	3	3		室内设计的方法与步骤		
46	2	3	3	1	室内设计的方法		
47	2	3	3	2	室内设计的步骤		
	2	4			室内空间组合		
	2	4	1		室内空间形体及其特征		
48	2	4	1	1	室内空间形状		
49	2	4	1	2	室内空间特性		
50	2	4	1	3	人的室内空间感		
	2	4	2		室内空间类型		
51	2	4	2	1	固定空间和可变空间		
52	2	4	2	2	封闭空间和开敞空间		
53	2	4	2	3	静态空间和动态空间		
54	2	4	2	4	实体空间和虚拟空间		
	2	4	3		室内空间组合及处理手法		
55	2	4	3	1	空间的分隔与联系		
56	2	4	3	2	空间的过渡与引导		
57	2	4	3	3	空间的序列		
	2	5			室内界面处理		

续表

职业（工种）名称					室内装饰设计员	等级	四级
职业代码							
序号	鉴定点代码				鉴定点内容		备注
	章	节	目	点			
	2	5	1		各类界面的功能要求		
58	2	5	1	1	地面的功能要求		
59	2	5	1	2	墙面的功能要求		
60	2	5	1	3	顶面的功能要求		
	2	5	2		各类界面的材质特性		
61	2	5	2	1	地面材质特性		
62	2	5	2	2	墙面材质特性		
63	2	5	2	3	顶面材质特性		
	2	5	3		界面线型处理		
64	2	5	3	1	材料的质地		
65	2	5	3	2	界面的线型		
66	2	5	3	3	界面的不同处理与感受		
	2	6			室内光照设计		
	2	6	1		光照的基本知识		
67	2	6	1	1	室内照明的组成		
68	2	6	1	2	照度		
69	2	6	1	3	光色		
70	2	6	1	4	眩光及控制眩光		
	2	6	2		光照在室内环境中的作用		
71	2	6	2	1	光照可以增加空间感和立体感		
72	2	6	2	2	光影艺术与装饰照明		
73	2	6	2	3	照明的布置艺术与灯具造型艺术		
	2	6	3		光照形式的选择		

续表

职业（工种）名称					室内装饰设计员	等级	四级
职业代码							
序号	鉴定点代码				鉴定点内容		备注
	章	节	目	点			
74	2	6	3	1	室内选用光源应考虑要素		
75	2	6	3	2	人工光源的种类		
76	2	6	3	3	照明方式		
	2	6	4		光照设计		
77	2	6	4	1	照明设计的四个原则		
	2	7			室内色彩设计		
	2	7	1		色彩的基本知识		
78	2	7	1	1	色彩的来源		
79	2	7	1	2	色彩的三要素		
80	2	7	1	3	色彩的混合		
	2	7	2		色彩的物理特性		
81	2	7	2	1	色彩的温度感		
82	2	7	2	2	色彩的重量感		
83	2	7	2	3	色彩的距离感		
84	2	7	2	4	色彩的醒目感		
85	2	7	2	5	色彩的胀缩感		
86	2	7	2	6	色彩的错觉感		
	2	7	3		色彩的生理与心理效应		
87	2	7	3	1	色彩的生理效应		
88	2	7	3	2	色彩的心理效应		
	2	7	4		室内色彩设计原则		
89	2	7	4	1	色彩的构成法则		
90	2	7	4	2	色彩与材质的配置		

续表

职业（工种）名称					室内装饰设计员	等级	四级
职业代码							
序号	鉴定点代码				鉴定点内容		备注
	章	节	目	点			
91	2	7	4	3	色彩的民族性、地域性和气候条件		
92	2	7	4	4	色彩的年龄差别		
93	2	7	4	5	色彩的环境要求		
	2	7	5		室内色彩设计方法		
94	2	7	5	1	色彩的协调		
95	2	7	5	2	色彩的对比		
96	2	7	5	3	加强色彩的魅力		
97	2	7	5	4	色彩在界面中墙面与顶面的处理		
98	2	7	5	5	色彩在界面中墙面与地面的处理		
	3				建筑结构与房屋装饰构造		
	3	1			建筑结构		
	3	1	1		建筑力学基本知识		
99	3	1	1	1	荷载的种类		
100	3	1	1	2	内力与外力的概念		
101	3	1	1	3	基本构件的受力特点		
	3	1	2		建筑结构的主要材料		
102	3	1	2	1	钢筋		
103	3	1	2	2	混凝土		
104	3	1	2	3	砌体块材		
105	3	1	2	4	砌体砂浆		
	3	1	3		钢筋混凝土梁板的配筋		
106	3	1	3	1	板、梁的受力破坏类型		
107	3	1	3	2	钢筋混凝土板的构造要求		

续表

职业（工种）名称					室内装饰设计员	等级	四级
职业代码							
序号	鉴定点代码				鉴定点内容		备注
	章	节	目	点			
108	3	1	3	3	钢筋混凝土梁的构造要求		
109	3	1	3	4	钢筋混凝土柱的构造要求		
	3	1	4		钢筋混凝土梁板结构		
110	3	1	4	1	梁板结构的施工类型		
111	3	1	4	2	板的双向与单向受力		
112	3	1	4	3	梁的受力形式：简支、静定、超静定		
113	3	1	4	4	楼盖的结构布置		
	3	1	5		混合结构体系		
114	3	1	5	1	混合结构的概念		
115	3	1	5	2	混合结构房屋中的墙体		
116	3	1	5	3	混合结构的承重方案		
	3	1	6		多层与高层建筑的结构体系		
117	3	1	6	1	多层与高层建筑的概念		
118	3	1	6	2	框架结构体系		
119	3	1	6	3	剪刀墙结构体系		
120	3	1	6	4	框架—剪刀墙结构体系		
121	3	1	6	5	筒体结构体系		
	3	2			建筑装饰构造		
	3	2	1		建筑构造		
122	3	2	1	1	建筑构造概念		
123	3	2	1	2	基础		
124	3	2	1	3	墙		
125	3	2	1	4	隔墙		

续表

职业（工种）名称					室内装饰设计员	等级	四级
职业代码							
序号	鉴定点代码				鉴定点内容		备注
	章	节	目	点			
126	3	2	1	5	楼梯		
127	3	2	1	6	屋顶		
128	3	2	1	7	门窗		
	3	2	2		室内装饰构造		
129	3	2	2	1	墙面装饰的目的与要求		
130	3	2	2	2	抹灰类墙面装饰		
131	3	2	2	3	贴面类墙面装饰		
132	3	2	2	4	绑扎法与干挂法墙装饰		
133	3	2	2	5	力筋罩面板构造		
134	3	2	2	6	楼地面装饰		
135	3	2	2	7	顶棚装饰概述		
136	3	2	2	8	吊顶构造		
	4				室内环境和设备		
	4	1			室内环境		
	4	1	1		建筑热环境		
137	4	1	1	1	热环境的概念		
138	4	1	1	2	室内热环境的评价		
139	4	1	1	3	围护结构的传热		
	4	1	2		建筑光环境		
140	4	1	2	1	光谱光视效率		
141	4	1	2	2	基本的光量度		
142	4	1	2	3	材料的光学性质		
143	4	1	2	4	天然采光设计		

续表

职业（工种）名称					室内装饰设计员	等级	四级
职业代码							
序号	鉴定点代码				鉴定点内容		备注
	章	节	目	点			
144	4	1	2	5	电光源的概念		
145	4	1	2	6	电光源照明设计		
	4	1	3		建筑声环境		
146	4	1	3	1	建筑声学的基本知识		
147	4	1	3	2	材料和构造的声学特性		
148	4	1	3	3	超声与音质控制		
	4	2			室内给排水与消防知识		
	4	2	1		卫生器具和管材		
149	4	2	1	1	卫生器具		
150	4	2	1	2	管道材料与连接附件		
151	4	2	1	3	水泵、泵房和水箱		
	4	2	2		室内给水系统		
152	4	2	2	1	室内给水系统的分类和组成		
153	4	2	2	2	给水方式与给水压力计算		
154	4	2	2	3	给水管道的布置与敷设		
	4	2	3		室内消防系统		
155	4	2	3	1	消防栓给水系统的组成		
156	4	2	3	2	消防栓给水系统的布置		
157	4	2	3	3	自动喷水灭火系统的组成和分类		
	4	2	4		室内排水系统		
158	4	2	4	1	排水系统的分类、组成和排水体制		
159	4	2	4	2	卫生间排水管道的布置、敷设		
160	4	2	4	3	排水通风管		

续表

职业（工种）名称					室内装饰设计员	等级	四级
职业代码							
序号	鉴定点代码				鉴定点内容		备注
	章	节	目	点			
	4	3			室内电气照明		
	4	3	1		电气照明的基本知识		
161	4	3	1	1	光通量与发光强度		
162	4	3	1	2	光的照度与亮度		
163	4	3	1	3	光源的色调		
	4	3	2		照明电光源及灯具		
164	4	3	2	1	照明电光源的颜色和显性		
165	4	3	2	2	电光源的分类和性能指标		
166	4	3	2	3	常用照明电光源及照明灯具		
	4	3	3		人工照明的技术实现		
167	4	3	3	1	照明种类与照明光式		
168	4	3	3	2	人工照明设计与灯具布置		
169	4	3	3	3	室内照明评价		
	4	3	4		低压配电系统		
170	4	3	4	1	用电负荷的计算		
171	4	3	4	2	电载等级、电压及供电要求		
172	4	3	4	3	低压线缆的选择		
	5				装饰材料、预算及工程质量验收		
	5	1			装饰材料		
	5	1	1		装饰材料的基本知识		
173	5	1	1	1	建筑装饰材料的分类		
174	5	1	1	2	建筑装饰材料的选择		
175	5	1	1	3	建筑装饰材料的发展趋势		

续表

职业（工种）名称					室内装饰设计员	等级	四级
职业代码							
序号	鉴定点代码				鉴定点内容		备注
	章	节	目	点			
	5	1	2		无机胶凝材料		
176	5	1	2	1	无机胶凝材料的概念		
177	5	1	2	2	建筑石膏		
178	5	1	2	3	水泥		
	5	1	3		建筑饰面石材		
179	5	1	3	1	大理石		
180	5	1	3	2	花岗石		
181	5	1	3	3	人造石材		
	5	1	4		建筑装饰陶瓷材料		
182	5	1	4	1	陶瓷制品的概念		
183	5	1	4	2	劈裂砖		
184	5	1	4	3	建筑琉璃制品		
	5	1	5		木材及木制品		
185	5	1	5	1	木材的分类		
186	5	1	5	2	木材的物理性能		
187	5	1	5	3	人造木质板材		
	5	1	6		建筑玻璃		
188	5	1	6	1	玻璃的物理性能		
189	5	1	6	2	装饰玻璃与安全玻璃		
190	5	1	6	3	中空玻璃与玻璃砖		
	5	1	7		建筑涂材		
191	5	1	7	1	建筑涂材的基本概念		
192	5	1	7	2	水泥地面涂料		

续表

职业（工种）名称					室内装饰设计员	等级	四级
职业代码							
序号	鉴定点代码				鉴定点内容		备注
	章	节	目	点			
193	5	1	7	3	木地板常用涂料		
	5	1	8		建筑装饰塑料		
194	5	1	8	1	建筑装饰塑料的基本知识		
195	5	1	8	2	建筑塑料管材与板材		
196	5	1	8	3	塑钢门窗料		
	5	2			建筑装饰工程概（预）算		
	5	2	1		概论		
197	5	2	1	1	建筑装饰工程概（预）算的概念		
198	5	2	1	2	建筑装饰工程概（预）算用途分类		
199	5	2	1	3	工程造价的基本概念		
200	5	2	1	4	建设项目的划分		
	5	2	2		建筑装饰工程预算定额		
201	5	2	2	1	定额的概念		
202	5	2	2	2	建筑装饰工程预算定额的概念与特性		
203	5	2	2	3	建筑装饰工程预算定额的作用和指标量的确定		
	5	2	3		单位估价表		
204	5	2	3	1	单位估价表的概念与作用		
205	5	2	3	2	单位估价表的编制依据和内容		
206	5	2	3	3	单位估价表的种类		
	5	2	4		建筑装饰工程费用构成与费用计算规定		
207	5	2	4	1	直接费		
208	5	2	4	2	间接费		
209	5	2	4	3	利润、费用与税金		

续表

职业（工种）名称					室内装饰设计员	等级	四级
职业代码							
序号	鉴定点代码				鉴定点内容		备注
	章	节	目	点			
	5	2	5		工程学计算与预算编制		
210	5	2	5	1	工程学计算		
211	5	2	5	2	建筑装饰工程预算的编制依据		
212	5	2	5	3	建筑装饰工程预算的编制条件与编制方法		
	5	3			装饰工程质量与验收		
	5	3	1		装饰工程中设计图样审查与交底		
213	5	3	1	1	图样审查与交底的概念		
214	5	3	1	2	审查交底的内容		
215	5	3	1	3	审查交底的注意点		
	5	3	2		地面工程		
216	5	3	2	1	地面工程的质量基本要求		
217	5	3	2	2	石材、地砖铺贴地面的质量要求		
218	5	3	2	3	木地板的质量要求		
	5	3	3		墙面工程		
219	5	3	3	1	抹灰类墙面质量要求		
220	5	3	3	2	贴面类墙面质量要求		
221	5	3	3	3	裱糊类墙面质量要求		
	5	3	4		顶棚工程		
222	5	3	4	1	无吊顶顶棚		
223	5	3	4	2	吊顶天棚		
224	5	3	4	3	吊顶中的设备、管线、走线		
	5	3	5		给排水及管线		
225	5	3	5	1	给水管件		

续表

职业（工种）名称					室内装饰设计员	等级	四级
职业代码							
序号	鉴定点代码				鉴定点内容		备注
	章	节	目	点			
226	5	3	5	2	排水管件		
227	5	3	5	3	煤气管件		
228	5	3	5	4	卫生间三件套		
	5	3	6		电气工程		
229	5	3	6	1	强电配电		
230	5	3	6	2	弱电配电		
231	5	3	6	3	施工与灯具		
	5	3	7		阳台、门窗装饰		
232	5	3	7	1	阳台		
233	5	3	7	2	内外门窗的基本要求		
234	5	3	7	3	铝合金、PVC 塑料、木门窗的要求		
	6				装饰艺术及表现技法		
	6	1			装饰美术基础		
	6	1	1		造型基础		
235	6	1	1	1	素描		
236	6	1	1	2	速写		
	6	1	2		平面构成艺术		
237	6	1	2	1	平面构成视觉三要素		
238	6	1	2	2	平面构成形式法则		
	6	1	3		立体构成		
239	6	1	3	1	立体构成的基本要素		
240	6	1	3	2	立体构成的形式组织		
241	6	1	3	3	立体构成的材料		

续表

职业（工种）名称					室内装饰设计员	等级	四级
职业代码							
序号	鉴定点代码				鉴定点内容		备注
	章	节	目	点			
	6	1	4		色彩与色彩构成		
242	6	1	4	1	色彩三要素		
243	6	1	4	2	色彩的对比		
244	6	1	4	3	色彩的调和		
245	6	1	4	4	色彩的情感表达		
	6	2			室内装饰效果图表现技法		
	6	2	1		彩色铅笔表现技法		
246	6	2	1	1	工具特点		
247	6	2	1	2	作画要点		
	6	2	2		水彩表现技法		
248	6	2	2	1	工具特点		
249	6	2	2	2	作画要点		
	6	2	3		马克笔表现技法		
250	6	2	3	1	工具特点		
251	6	2	3	2	作画要点		
	6	2	4		综合工具效果图表现技法		
252	6	2	4	1	工具特点		
253	6	2	4	2	作画要点		
	6	3			透视作图		
	6	3	1		透视基本知识与常用术语		
254	6	3	1	1	透视基本知识		
255	6	3	1	2	透视常用术语		
256	6	3	1	3	画面的确定		

续表

职业（工种）名称					室内装饰设计员	等级	四级
职业代码							
序号	鉴定点代码				鉴定点内容		备注
	章	节	目	点			
	6	3	2		平行透视原理与作图方法		
257	6	3	2	1	平行透视的概念		
258	6	3	2	2	距点法画平行透视的一般方法		
259	6	3	2	3	几种简易作图法		
	6	3	3		余角透视原理与作图方法		
260	6	3	3	1	余角透视的规律		
261	6	3	3	2	余角透视场景三灭线		
262	6	3	3	3	视平线的位置与透视深度		
	6	3	4		圆的透视		
263	6	3	4	1	圆透视图的基本特点		
264	6	3	4	2	八点法透视图		
265	6	3	4	3	椭圆的透视图		
	7				建筑与室内设计制图		
	7	1			建筑制图		
	7	1	1		建筑制图的基本知识		
266	7	1	1	1	工具和用品		
267	7	1	1	2	线型与字体		
268	7	1	1	3	比例与尺寸标注		
269	7	1	1	4	定位轴线与符号		
	7	1	2		建筑常用图形		
270	7	1	2	1	建筑平面图		
271	7	1	2	2	建筑立面图		
272	7	1	2	3	建筑剖面图		

续表

职业（工种）名称					室内装饰设计员	等级	四级
职业代码							
序号	鉴定点代码				鉴定点内容		备注
	章	节	目	点			
273	7	1	2	4	建筑详图		
274	7	1	2	5	标准图		
275	7	1	2	6	设计说明		
	7	1	3		室内装饰设计图样的绘制与要求		
276	7	1	3	1	室内设计方案阶段		
277	7	1	3	2	平面布置图		
278	7	1	3	3	平顶布置图		
279	7	1	3	4	装饰立面图		
	7	1	4		室内设计施工图阶段		
280	7	1	4	1	平面布置图		
281	7	1	4	2	平顶布置图		
282	7	1	4	3	装饰立面图		
283	7	1	4	4	装修详图		
284	7	1	4	5	装修标准图		
285	7	1	4	6	装修设计说明		
	7	2			计算机绘图		
	7	2	1		CAD 绘图知识		
286	7	2	1	1	CAD 绘图基础知识		
287	7	2	1	2	CAD 在室内设计中应用		
	7	2	2		AutoCAD 图形打印		
288	7	2	2	1	图纸打印样式		

第3部分

理论知识复习题

建筑设计基础

一、判断题（将判断结果填入括号中。正确的填"√"，错误的填"×"）

1．从距今7 000多年的河姆渡遗址出土的文物可以看出当时就已有榫卯结构了。（　　）

2．万里长城、阿房宫、秦始皇陵是秦代建筑三大成就。（　　）

3．唐代著名的佛塔有大雁塔和小雁塔。（　　）

4．上海的龙华塔是一座典型的楼阁式砖塔。（　　）

5．皖南民居布局多依山傍水、粉墙黛瓦，且多用高高的马头山墙，显得文秀素雅。（　　）

6．有史前建筑用石块垒成，外形如同蜂窝，被发现于苏格兰，人们称其为蜂窝形石屋。（　　）

7．古埃及最大的金字塔是位于开罗附近的吉萨金字塔群中的齐奥普斯金字塔。（　　）

8．古希腊的爱奥尼和科林斯柱象征的是女性美。（　　）

9．圣索菲亚教堂是拜占庭建筑的代表。（　　）

10．欧洲文艺复兴运动提倡人文主义，主张世俗，反对禁欲。（　　）

11．巴洛克建筑的四个特点是炫耀财富、标新立异、趋向自然及表现出欢乐的气氛。（　　）

12. 日本法隆寺五重塔是一座典型的唐代木构楼阁式塔。（　　）

13. 美洲的金字塔就是古代的太阳神庙和月亮神庙。（　　）

14. 1851年伦敦“水晶宫”的建成标志着近代建筑的开端。（　　）

15. 萨伏依别墅是勒·柯布西耶“新建筑五点论”建筑观的诠释。（　　）

16. 位于上海铜仁路的吴宅，其形式属于西方现代派。（　　）

17. 1959年为迎接国庆10周年，北京建造了十座重要建筑，其中最主要的是人民大会堂。（　　）

18. 建筑设计的重点应该是造型设计或建筑立面设计。（　　）

19. 建筑设计中把握功能是最重要的，但同时还要把握空间大小。（　　）

20. 建筑设计的难度与其功能要求成正比。（　　）

21. 建筑设计除了要有功能、美观要求外，还要有技术要求。（　　）

22. 我国的建筑设计规范大体有设计通则和设计标准及各个门类的设计规范等。（　　）

23. 建筑设计的三个阶段，即方案设计、扩初设计、施工图设计。（　　）

24. 从建筑设计来说，最重要的是任务书。（　　）

25. 总平面图中的道路要分出车道和人行走的小路。（　　）

26. 单体设计是建筑设计的主体。（　　）

27. 建筑造型设计一般先从立面设计开始。（　　）

二、单项选择题（选择一个正确的答案，将相应的字母填入题内的括号中）

1. 从距今7 000多年的（　　）遗址出土的文物可以看出当时就已有榫卯结构了。

A. 西安半坡　B. 河姆渡　C. 偃师二里头　D. 陕西扶风

2. 从距今（　　）多年的河姆渡遗址出土的文物可以看出当时就已有榫卯结构了。

A. 7 000　B. 6 000　C. 5 000　D. 8 000

3. （　　）是秦代建筑三大成就之一。

A. 大明宫　B. 万里长城　C. 天坛　D. 佛光寺

4. 秦始皇陵是（　　）建筑三大成就之一。

A. 秦代　B. 宋代　C. 唐代　D. 汉代

5. 唐代著名的佛塔有（　　）和小雁塔。

A. 大雁塔　　B. 佛光寺　　C. 南禅寺　　D. 舍利塔

6. 著名的佛塔大雁塔和小雁塔是（　）的建筑。

A. 秦代　　B. 宋代　　C. 唐代　　D. 汉代

7. 上海的龙华塔是一座典型的（　）砖木塔。

A. 单层式　　B. 花式　　C. 密檐式　　D. 楼阁式

8. 上海的龙华塔始建于（　　），是一座典型的楼阁式砖木塔。

A. 唐代　　B. 宋代　　C. 明代　　D. 清代

9. 北京天坛祈年殿屋顶形式为（　）。

A. 三重檐四角攒尖　　B. 三重檐圆攒尖

C. 三重檐八角攒尖　　D. 三重檐方攒尖

10. 我国江南一带建筑风格（　）。

A. 秀美　　B. 雄健　　C. 奇特　　D. 庄严

11. 有史前建筑用石块垒成，外形如同蜂窝，被发现于（　　），人们称其为蜂窝形石屋。

A. 波兰　　B. 法国　　C. 苏格兰　　D. 丹麦

12. 有史前建筑用石块垒成，外形如同蜂窝，被发现于苏格兰，人们称其为（　　）。

A. 蜂窝形石屋　　B. 石屋　　C. 穴居　　D. 巢居

13. 古埃及最大的金字塔是位于开罗附近的吉萨金字塔群中的（　　）金字塔。

A. 阿布辛波　　B. 第·巴哈利　　C. 齐奥普斯　　D. 卡那克

14. 太阳神庙中最著名的是（　）。

A. 卡纳克　　B. 鲁克索　　C. 阿布辛波　　D. 德·埃巴哈利

15. 古罗马建筑的类型主要有神庙、角斗场、（　）。

A. 凯旋门　　B. 输水道

C. 浴场　　D. 凯旋门、输水道、浴场

16. 帕提农神庙用的柱式是（　　）。

A. 科林斯　　B. 爱奥尼　　C. 陶立克　　D. 塔斯干

17. 拜占庭建筑的代表是（　　）。

A. 圣彼得教堂　　B. 圣保罗教堂

C. 比萨大教堂　　D. 圣索菲亚教堂

18. 巴黎圣母院是（　　）建筑。

A. 文艺复兴　　B. 哥特式　　C. 巴洛克　　D. 罗马风

19. 欧洲文艺复兴运动起源于（　　）。

A. 希腊　　B. 英国　　C. 法国　　D. 意大利

20. 圣马可广场是（　　）建筑中的代表。

A. 哥特式　　B. 文艺复兴　　C. 巴洛克　　D. 罗马风

21. 炫耀财富、标新立异、趋向自然及表现出欢乐的气氛是（　　）建筑的四个特点。

A. 巴洛克　　B. 哥特式　　C. 文艺复兴　　D. 罗马风

22. 意大利罗马的（　　）教堂是巴洛克建筑的最典型代表。

A. 圣马可　　B. 圣卡罗　　C. 圣彼得　　D. 圣玛利亚

23. 印度一座著名的伊斯兰风格的建筑的名称是（　　）。

A. 瑞大光塔　　B. 吴哥寺　　C. 泰吉·玛哈尔陵　　D. 萨艮二世王宫

24. 缅甸仰光的大金塔建于1768—1773年，塔高（　　）m。

A. 99　　B. 150　　C. 50　　D. 10

25. 古代的太阳神庙和月亮神庙由古印第安人所建，位于今（　　）。

A. 墨西哥　　B. 巴黎　　C. 希腊　　D. 美国

26. 古代的太阳神庙和月亮神庙称为（　　）的金字塔。

A. 美洲　　B. 欧洲　　C. 亚洲　　D. 埃及

27. 塔高为328 m的巴黎埃菲尔铁塔建于（　　）年。

A. 1889　　B. 1851　　C. 1793　　D. 1850

28. 建于1889年的巴黎埃菲尔铁塔，塔高（　　）m。

A. 368　　B. 318　　C. 328　　D. 338

29. （　　）是著名建筑大师赖特的最后一个作品。

A. 流水别墅　　B. 古根海姆美术馆

C. 约翰逊制蜡公司总部　　D. 萨伏依别墅

30. 美国华盛顿的国家美术馆东馆的设计师是（　　）。

A. 贝聿铭　　B. 沙利文　　C. 赖特　　D. 拉菲尔

31. 外滩最后建成的一座建筑是（　　）。

A. 交通银行（今上海市总工会）　　B. 上海海关

C. 汇丰银行（今浦发银行）　　D. 和平饭店

32. 建于 1934 年的上海国际饭店高 24 层，是当时（　　）最高的建筑。

A. 亚洲　　B. 东南亚　　C. 中国　　D. 上海

33. 1959 年为迎接国庆 10 周年，北京建造了 10 座重要建筑，其中最主要的是（　　）。

A. 革命历史博物馆　　B. 军事博物馆

C. 人民大会堂　　D. 农业展览馆

34. 上海浦东的金茂大厦高（　　）m。

A. 421　　B. 500　　C. 221　　D. 321

35. 著名建筑师格罗皮乌斯认为“建筑，意味着把握（　　）”。

A. 空间　　B. 场所　　C. 区域　　D. 环境

36. 建筑设计首先应当着眼于如何更好地提供人们生活活动的（　　）。

A. 环境　　B. 场所　　C. 区域　　D. 空间

37. 建筑设计总有设计任务书，其中写出了各个房间的（　　）。

A. 名称　　B. 数量

C. 面积　　D. 名称、数量和面积

38. 建筑设计总有设计（　　），其中写出了各个房间的名称、数量和面积。

A. 规范　　B. 任务书　　C. 要求　　D. 技术

39. 建筑设计重视功能、技术、经济，也不能忽视（　　）。

A. 外形　　B. 美观　　C. 装饰　　D. 尺度

40. 均衡与稳定、变化与统一、韵律与节奏、比例与尺度是建筑（　　）的法则。

A. 统一美　　B. 韵律美　　C. 形式美　　D. 尺度美

41. 建筑设计除了要有功能、美观要求外，还要有（　　）要求。

A. 技术　B. 施工　C. 结构　D. 材料

42. 建筑设备包括（　）。

A. 水、电　B. 水、暖、电　C. 弱电、强电　D. 水、暖

43.《建筑制图标准》属于（　）。

A. 设计通则　B. 设计标准　C. 设计规范　D. 设计规定

44. 建筑设计中有许多基本概念在规范中也有（　）规定。

A. 简单　B. 一般　C. 详细　D. 特别

45.（　）设计开始需与其他工种配合，如结构、水、暖、电设备等。

A. 方案　B. 扩初　C. 施工　D. 施工图

46. 建筑设计的三个阶段，即方案设计、扩初设计、（　）设计。

A. 结构　B. 设备　C. 施工　D. 施工图

47. 从建筑设计来说，最重要的是（　）。

A. 规范　B. 任务书　C. 要求　D. 技术

48.（　）包括设计的建筑总面积、层数、房间构成、房间面积及层高等。

A. 规范　B. 标准　C. 任务书　D. 规定

49.（　）图中的道路要分出车道和人行走的小路。

A. 平面　B. 总平面　C. 方案　D. 规划

50. 总平面图中的道路要分出（　）。

A. 车道　B. 人行走的小路

C. 无障碍通道　D. 车道和人行走的小路

51. 建筑设计的主体是（　）。

A. 单体设计　B. 造型设计　C. 立面设计　D. 环境设计

52. 单体设计往往是从（　）分析开始。

A. 造型　B. 功能　C. 立面　D. 环境

53. 两个立面的造型、风格要相同，（　）等都要统一。

A. 墙面材料　B. 门窗形式　C. 屋檐做法　D. 以上均是

54. 立面设计时应理解这个立面其实是（　）的。

A. 平面　　B. 立体　　C. 二维　　D. 单个

室内设计原理

一、判断题（将判断结果填入括号中。正确的填“√”，错误的填“×”）

1. 人体工程学是指以人为本、以环境为源，运用人体计量、生理和心理计测手段和方法的科学。（　）

2. 测量人体重量的目的在于科学地设计人体支撑的工作面，如地面、墙面、顶面的结构强度。（　）

3. 人体与环境的相互作用是指人体内外感官和人体内外环境的相互关系。（　）

4. 设计厨房的吊柜或搁板时，必须依据人体测量数据和人体活动功能尺寸设计。（　）

5. 依据人体测量学的基础数据，座高设计为 400 mm，适合于大多数成年人。（　）

6. 在办公环境中，工作椅的椅面与靠背的夹角是（6°/105°）。（　）

7. 在卧室里阅读、看电视和密友、亲人交往等活动是中华民族的爱好。（　）

8. 室内环境学是确定家具设施的形态、尺度及其使用的主要依据。（　）

9. 不同室内环境噪声允许的极限值不同，例如餐馆要求的极限值低于旅馆的极限值。（　）

10. 在公共场所发生火灾时，人们往往跟着领头的几个人跑，或从暗处向较光明处奔，这是人的从众与趋光心理。（　）

11. 用隔墙分隔空间比用家具分隔空间更加节省空间。（　）

12. 床宽一般以仰卧姿态为基准，按一人肩宽的 2.5 ~ 3 倍来设计床宽。（　）

13. 站立用的桌台高度为 910 ~ 965 mm，若需要用力工作的操作台，可将台面略升高到 1 000 mm。（　）

14. 依据储存类家具与储存物的尺度关系，卧室衣柜的深度为 550 ~ 600 mm。（　）

15. 住宅中书房的基本配置家具有沙发、茶几、书橱和电视柜。（　）

16. 商店里位于陈列柜 1 800 mm 高度的商品最引人注目。（　）

17. 办公空间中办公桌间的间距一般为 600 ~ 900 mm。（　）

18. 信息标志具有引导人流、安全疏散等实用功能，它还具有提供视觉享受的作用。（　）

19. 室内装饰陈设品主要是观赏用的，其没有任何实用价值。（　）

20. 绿色陈设是指室内装饰品中绿颜色的装饰品。（　）

21. 墙面的陈设物大小要依据墙面的大小来决定，墙面大则装饰物大。（　）

22. 室内摆设种类丰富、数量多的陈设品，可以丰富空间层次。（　）

23. 室内设计与建筑设计密不可分，它们好比一棵大树的枝干和树叶，是一个共生体。（　）

24. 室内设计内容多，涉及面广，因此需要室内设计人员除具有本专业知识外，还应熟悉其他相关的设计内容。（　）

25. 室内装潢是指室内可移动物体上的选材、色彩、图案雕刻等艺术处理。（　）

26. 室内装饰的范畴比室内装潢小，它只包含室内固定界面的装饰。（　）

27. 室内装修与室内装饰相比，其更着重于工程技术。（　）

28. 室内设计、室内装饰、室内装修的含义差不多，它们只是人们在不同时期对室内设计的称呼。（　）

29. 室内设计是以为人服务为基点，因此在室内空间上对一些特殊人群应用一些特殊设计。（　）

30. 先功能后形式是室内设计中初学者最常用的设计方法。（　）

31. 在工程简单情况下或家装工程中，初步设计阶段可以省略。（　）

32. 室内平面规整的，如正方形、圆形，令人感到形体明确、稳定并有方向性。（　）

33. 室内空间出现不规整的形状、任意的曲面的组合，其空间特征是自然、活泼。（　）

34. 不同的人有不同的心理特点，因此在同一空间中，不同的人可能会有不同的感受。（　）

35. 固定空间也叫结构空间，是不可改变的。（　）

36. 空间中的分隔界面的高度越高，其空间的开敞性越高。（　）

37. 静态空间比动态空间稳定，其空间构成比较单一。（　）

38. 在酒店大堂里，常常会出现用沙发围成的休息区，这样的空间即为实体空间。（　）

39. 用片段面来分隔空间，如采用不到顶的隔墙和较高的家具，这样的划分空间称为局部分隔。（　）

40. 居室中的玄关处于室内与室外、动与静的交汇处，我们常称其为过渡空间。（　）

41. 中国的古典园林常采用曲折轴线展开，而西方的古典园林常采用对称轴线展开。（　）

42. 地面设计中考虑保温性比稳定性更为重要。（　）

43. 墙面比地面更要重点考虑平整、耐磨。（　）

44. 顶面主要承担了室内照明、空调、报警等设备功能。（　）

45. 实木地板纹理自然、脚感好，又具耐磨性，因此它是室内地面常用的材料。（　）

46. 墙面材料可以保护墙体，使室内美观、舒适。（　）

47. 顶面除了直接表现结构造型外，一般还有其他三种吊顶类型。（　）

48. 材料的质地不一样带给人的感受也不一样，平整光滑的大理石给人以自然、亲切的感受。（　）

49. 界面的线型是指界面的材料、界面的线脚和界面的形状。（　）

50. 室内界面不同的处理给人的感受是不同的，一般来说，水平的线型划分空间显得开敞降低。（　）

51. 人工照明是室内照明的重要组成部分。（　）

52. 每单位受光面积所接受的光通量数称为照度。照度的单位是勒克斯（lx）。（　）

53. 光色主要取决于光源的色温，并影响室内的气氛。（　）

54. 直接照明是指光源的90%~100%全部投射到被照物体上的照明方式。这种照明的特点是照明光量大，但易产生眩光和阴影，不适合与视线直接接触。一般吸顶灯便属于这种方式，它通常用于公共厅堂及局部区域的照明。（　　）

55. 室内空间的开敞性与光的亮度成正比，亮的房间比暗的房间感觉要大一些。（　　）

56. 光影效果在室内可以表现在顶面、墙面、地面上。（　　）

57. 照明离不开灯具，而灯具选择是照明方式的主要体现。（　　）

58. 灯具的形式决定房间的照度，同时它也决定房间的功能。（　　）

59. 白炽灯光色柔和、适应性强，其寿命是荧光灯的三倍。（　　）

60. 漫射照明是指光源的 40% ~60% 的光线直接照射在被照物体上，而有 40% ~60% 的光线是经反射后再投射在被照物体上的照明方式。这种照明的光亮度要差些，光质较为柔和。通常采用毛玻璃或乳白塑胶做灯罩。一般用于居住空间。（　　）

61. 起居室具有家庭团聚娱乐的功能，它的照度一般要达到 400 lx。（　　）

62. 光是色彩存在的依据，太阳光是由红、橙、黄、绿、青、紫六种色光组成的彩光。（　　）

63. 如果给一个颜色加入白色，它的色彩明度提高了，它的彩度也相应提高了。（　　）

64. 橙红、黄绿、蓝紫三种颜色为复色。（　　）

65. 色相的心理反应特征按冷和暖分，因而又将色相分为冷色和暖色两类。（　　）

66. 色彩的重量感取决于色彩的色相、明度和彩度三要素。（　　）

67. 色彩的距离感不是绝对的，它与背景色彩相关。（　　）

68. 一般来说，色温高、彩度低的色彩容易引起人的注意。（　　）

69. 色彩的膨胀—收缩的顺序是：红、橙、黄、绿、紫、青。（　　）

70. 根据色彩的错觉感，黑框包围的白色要比没有黑框的白色白。（　　）

71. 蓝色能在某种程度上安定情绪，所以此颜色常用于医院的病房。（　　）

72. 色彩的心理效应主要表现为它能产生联想，黄色能使人联想到青春、健康。（　　）

73. 室内色彩设计中一般有一个基调，基调色彩的面积最小。（　　）

74. 竹木材料制成的家具装饰部件应不加任何粉饰地暴露其结构肌理。 （ ）

75. 色彩具有地域性，中国人喜欢将黄色作为喜庆和吉祥的象征。 （ ）

76. 住宅室内设计中，老人房一般采用深色系列。 （ ）

77. 在幼儿园里，为了迎合儿童心理，常常采用鲜亮色作为室内的主色调。 （ ）

78. 色彩的协调包括调和色协调、互补色协调，以及有彩色和无彩色的协调。 （ ）

79. 彩度不同的色彩相对比，高者显得越高，低者显得越低。 （ ）

80. 运用强烈的对比是加强色彩魅力的唯一方法。 （ ）

81. 墙面与顶棚都采用涂料时，色彩的交换位置常设置在墙面的边缘。 （ ）

82. 室内墙面和地面交界处常设踢脚板，其颜色常随地面的颜色。 （ ）

二、单项选择题（选择一个正确的答案，将相应的字母填入题内的括号中）

1. 人体工程学是以人为本、以（ ）为源，研究人体静态结构尺寸和动态功能尺寸，人体心理和力学等与室内环境之间的协调关系。

A. 环境 B. 建筑 C. 室内空间 D. 材料

2. 人体工程学是研究人、（ ）和环境间的相互关系的。

A. 机具 B. 家具 C. 设备 D. 设施

3. 人体测量学包含四个方面的内容：人体构造尺寸、（ ）、人体重量、人体推拉力。

A. 人体重力 B. 人体动作域 C. 人体功能尺寸 D. 人体运动尺寸

4. 人体功能尺寸是指人体的各种（ ）。

A. 静态尺寸 B. 动态尺寸 C. 操作尺寸 D. 水平距离

5. 人体和室内空间环境的关系包括室内空间装修、家具与陈设、生理学、心理学和（ ）。

A. 艺术学 B. 空间美学 C. 空间心理学 D. 环境心理学

6. 人体外感官中居首位的是（ ）。

A. 视觉 B. 听觉 C. 嗅觉 D. 味觉

7. 柜类家具依据人体的不同活动尺寸可将储物分为（ ）个区域。

A. 2 B. 3 C. 4 D. 5

8．柜类家具储物分区中第一区域是人体使用最方便的区域，其高度为（　　）。

A．150 ~ 450 mm　　B．450 ~ 1 200 mm

C．600 ~ 1 800 mm　　D．1 800 mm 以上

9．依据人体尺度和功能尺寸设计各类型椅面与靠背的夹角，沙发椅面、靠背夹角是（　　）。

A．6°/105°　　B．14°/115°　　C．23°/127°　　D．10°/110°

10．根据人体测量学的基础数据，一般椅子与桌子之间的距离为（　　）mm。

A．250　　B．300　　C．350　　D．400

11．高级办公座椅比一般座椅使用时间要长，其座宽也比一般座椅宽，最宽可达到（　　）mm。

A．450　　B．500　　C．650　　D．800

12．办公环境中，办公桌要充分依据人体（　　）时进行各种活动的功能尺寸设计。

A．坐着　　B．站着　　C．躺着　　D．蹲着

13．依据人体工程学的相关数据，我们可以确定室内空间的（　　）和面积。

A．宽度　　B．长度　　C．高度　　D．大小

14．依据人体工程学的有关数据，住宅的卧室既要满足人们睡眠的要求，又要能适应其他（　　）。

A．功能活动　　B．心理活动　　C．空间活动　　D．心理感受

15．家具、设施在室内布置时，周围必须留有活动及（　　）的最小空间。

A．挪动　　B．搬运　　C．应用　　D．使用

16．在室内，家居布置必须留有活动最小的空间，如通道宽为（　　）mm。

A．760 ~ 900　　B．900 ~ 950　　C．950 ~ 1 000　　D．大于 1 000

17．室内设计中，室内物理环境主要有（　　）、声环境、光环境。

A．热环境　　B．内环境　　C．外环境　　D．冷环境

18．室内热环境的主要指标是室内的温度和（　　）。

A．湿度　　B．热度　　C．冷度　　D．照度

19．人际关系的密切程度称为人际距离，人际距离 450 ~ 1 200 mm 为（　　）。

A. 亲切距离　B. 社会距离　C. 公共距离　D. 个体距离

20. 人们到餐厅就餐时，总是尽量选择远离门口及通道处就座，这是人在室内环境中的（　）心理行为。

A. 尽端趋向　B. 私密性　C. 边界依托感　D. 趋光

21. 家具的物质功能有（　）、分隔空间、填补空间、间接扩大空间等作用。

A. 编织空间　B. 细化空间　C. 美化空间　D. 组织空间

22. 家具在室内空间具有组织空间的同时又（　），这是家具所具有的双重作用。

A. 细化空间　B. 分隔空间　C. 美化空间　D. 物化空间

23. 坐卧类家具的基本功能是使人们坐得舒服、睡得安宁、（　）和提高工作效率。

A. 吃得可口　B. 减少压力　C. 减少疲劳　D. 学得开心

24. 座椅的靠背是影响座椅舒适度的关键，座背的形状应与人体坐着时的（　）基本吻合。

A. 脊椎形状　B. 小腿腘窝　C. 腰椎　D. 颈椎

25. 桌面高度一般规定为（　）mm。

A. 650～680　B. 700～760　C. 750～850　D. 850～880

26. 按我国人体的平均身高，站立用的桌台高度为（　）mm。

A. 910～965　B. 700～800　C. 950～1 100　D. 1 100～1 200

27. 人站立时伸臂存取物品较舒适的高度一般为（　）mm。

A. 910～965　B. 1 500～1 600　C. 950～1 100　D. 1 750～1 800

28. 储存类家具与储存物的尺度有关系，一般书柜的深度为（　）mm。

A. 100　B. 200　C. 300　D. 500

29. 在居住类室内空间中，起居室常配的家具有沙发、（　）和电视柜。

A. 五斗橱　B. 工作椅　C. 梳妆台　D. 茶几

30. 室内家具配置时，（　）是第一原则，然后再追求家具配置的合理及灵活多变。

A. 使用　B. 适用　C. 装饰　D. 美化

31. 餐饮类室内空间中，餐桌之间的通道尺寸是（　）mm。

A. 450～550　B. 550～680　C. 650～780　D. 850～900

32. 餐厅包房里10座的餐桌直径最小为（　　）mm。

A. 1 000　　B. 1 200　　C. 1 500　　D. 1 800

33. 办公空间的家具布置原则，以（　　）、方便、适用、大方为主。

A. 简单　　B. 简洁　　C. 简便　　D. 简明

34. 现代OA办公桌常见的布置形式有L形和（　　）。

A. A形　　B. O形　　C. U形　　D. V形

35. 实用性陈设品中，织物陈设品包括（　　）、地毯、床上织物、卧具、沙发靠垫等。

A. 窗花　　B. 竹帘　　C. 台布　　D. 抱抱熊

36. 在室内布置（　　）类陈设品，可使室内文雅脱俗，充满书香气息。

A. 织物　　B. 书籍　　C. 电子　　D. 玩具

37. 在室内空间中，（　　）属于装饰性陈设品。

A. 音乐器材　　B. 化妆品　　C. 信息标志　　D. 嗜好品

38. 室内陈设中属于装饰性陈设品的包括艺术品、纪念品、嗜好品和（　　）。

A. 音乐器材　　B. 绿色陈设　　C. 信息标志　　D. 食品

39. 绿色陈设包括绿色植物和以鸟、虫、龟等为主的观赏类（　　）的陈设品。

A. 绿色生态　　B. 环保生态　　C. 装饰　　D. 美化

40. 室内陈设品中，（　　）可以调节室内小气候，还能柔化室内空间。

A. 绿色装饰画　　B. 绿色植物　　C. 纪念品　　D. 热带鱼

41. 室内陈设品的陈列方式包括墙面装饰、（　　）、落地陈设、柜架展示和空间悬饰。

A. 桌面陈设　　B. 壁龛陈设　　C. 书籍陈列　　D. 玩偶展示

42. 我国传统的匾联、书画字轴、浮雕绘画作品属于（　　）的陈列方式。

A. 柜架展示　　B. 壁龛陈设　　C. 桌面陈设　　D. 墙面装饰

43. 精彩的陈设品应重点突出，次要的陈设品布置应作为陪衬，以做到（　　）。

A. 格调完整　　B. 主次分明　　C. 注重观赏效果　　D. 构图突出

44. 陈设品在室内空间所处的位置要符合整体空间的构图关系，即（　　）。

A. 构图均衡　　B. 主次分明　　C. 格调统一　　D. 构图突出

45. 室内设计学科是从（　　）的工作范畴中分离出来的，形成了独立、新兴的学科。

A. 工业设计　B. 机械设计　C. 建筑设计　D. 化工设计

46. 室内设计是在建筑设计基础上的（　）活动。

A. 再创造　B. 再更新　C. 再改变　D. 再挑战

47. 室内设计中空间的组织和再创造包括室内平面的分析和（　）。

A. 色彩配置　B. 照明考虑　C. 水电布置　D. 家具布置

48. 室内设计中，界面设计包括地面、墙面和（　）三大界面。

A. 门面　B. 顶棚　C. 窗户　D. 家具

49. 室内装潢是指室内固定界面上的（　）、色彩、图案雕刻等艺术处理。

A. 选材　B. 陈设　C. 形态　D. 形状

50. 室内装潢着重于固定界面的艺术处理，其重视的是（　）。

A. 使用功能　B. 视觉艺术　C. 实用功能　D. 心理感受

51. 室内装饰范畴比较大，它包含（　）的全部内容，还包含室内可移动物体的布置。

A. 室内装潢　B. 室内设计　C. 室内装修　D. 室内陈设

52. 室内装饰具有双重要求，既要满足使用功能的合理性要求，又要满足（　）的要求。

A. 装潢艺术　B. 视觉艺术　C. 工程技术　D. 施工工艺

53. 室内装修具有施工过程及最终完工的意思，它着重于工程技术、材料选用、施工工艺和（　）。

A. 艺术效果　B. 装饰艺术　C. 构造做法　D. 环境改造

54. 室内装修具有施工过程及最终完工的意思，它着重于（　）、材料选用、施工工艺和构造做法。

A. 工程技术　B. 装饰艺术　C. 视觉艺术　D. 环境改造

55. 室内设计是科学、艺术和（　）结合的一个完美整体的创作活动。

A. 生活　B. 生命　C. 美学　D. 工学

56. 室内设计的一切是为人的活动着想，所以室内空间尺寸设计的根据应以（　）为依据。

A. 环境　B. 家具尺寸　C. 人体尺寸　D. 人的活动尺寸

57. 室内设计基本观点的首条是以（　　）为源、以人为本，满足人的使用功能需求。

A. 建筑　B. 环境　C. 历史　D. 美学

58. 基于可持续发展的观点，室内设计也应考虑（　　）和绿色建材的使用。

A. 历史文脉　B. 人体健康　C. 环保　D. 节能

59. 室内设计常见的方法有两种：先功能后形式或者（　　）。

A. 先形式后功能　B. 先平面后立面

C. 先改造后完善　D. 先平面后立体

60. 先形式后功能是指先对室内（　　）有一个定位，然后再做室内功能分析。

A. 平面关系　B. 整体风格　C. 立面装饰　D. 界面设计

61. 室内设计根据设计的进程，通常可分为（　　）个阶段。

A. 3　B. 5　C. 7　D. 9

62. 施工图设计阶段除了需要平面、立面、顶棚图样外，还需补充施工中所需的有关（　　）和设备管线图。

A. 大样图　B. 效果图　C. 示意图　D. 方案图

63. 室内空间的形状基本取决于室内（　　）形状及构成方式。

A. 家具　B. 绿化　C. 界面　D. 织物

64. 室内空间中各界面的形状及构成方式决定室内空间的（　　）。

A. 形状　B. 特征　C. 方向性　D. 大小

65.（　　）平面的空间，横向的有展示、迎接的感觉，纵向的有导向性。

A. 三角形　B. 方形　C. 圆形　D. 矩形

66.（　　）平面的空间有围抱感，用在空间序列中有结束的感觉。

A. 半圆形　B. 方形　C. 圆形　D. 矩形

67. 人在室内空间的感受是一种综合的（　　），不是简单的数学或物理量的叠加。

A. 心理活动　B. 生物反应　C. 环境感受　D. 空间压迫

68. 室内材料的不同质感给人的感受是不一样的，比如（　　）的材质使人觉得空间开敞。

A. 光鲜　B. 光洁　C. 粗糙　D. 毛糙

69. 可变空间具有空间功能的模糊性和（　　），能够增加空间的利用率，并以此增加空间效果的趣味性。

A. 确定性　B. 明确性　C. 不确定性　D. 虚拟性

70. 可变空间是在固定空间内，以其他元素形成（　　），改变原来的空间形状和大小。

A. 分隔　B. 组合　C. 分离　D. 整合

71. 现代办公中的整体办公的设计方法是共享空间与（　　）组合设计。

A. 局部空间　B. 公共空间　C. 他人空间　D. 个人空间

72. 开敞性空间的开敞程度取决于（　　）的围合度。

A. 定界面　B. 侧界面　C. 平面　D. 顶面

73. 动态空间又称流动空间，其界面组织具有连续性和节奏性，如曲面、（　　）等。

A. 方面　B. 斜面　C. 平面　D. 光面

74. 由曲面、斜面构成的空间富有变化，又有空间的流动感，被称为（　　）。

A. 开敞空间　B. 封闭空间　C. 动态空间　D. 静态空间

75. 镜面是构成虚拟空间的一个重要元素，它的透明、反光特性有（　　）的视觉效果。

A. 扩大空间　B. 缩小空间　C. 导向　D. 遐想

76. 虚拟空间可以靠部分形体的启示，靠（　　）和视觉完整性来界定空间。

A. 视觉感受　B. 心理感受　C. 联想　D. 幻想

77. 用片段、低矮的面，如栏杆、玻璃、家具、绿化等在室内分隔空间，称为（　　）。

A. 活动性分隔　B. 象征性分隔　C. 局部分隔　D. 全面分隔

78. 在一些大型公共空间中，设计师常利用拼装式、直滑式、折叠式等活动性隔断来分隔空间，这种分隔方式称为（　　）。

A. 弹性分隔　B. 缩小分隔　C. 局部分隔　D. 活动性分隔

79. 人们常常称（　　）为“灰空间”。

A. 虚拟空间 B. 过渡空间 C. 真实空间 D. 可变空间

80. 人们常常称过渡空间为（ ）。

A. 实体空间 B. 弹性空间 C. 灰空间 D. 可变空间

81. 我国传统的空间分布是非常讲究序列的，例如我国的民居和宫殿建筑大多是以（ ）方式展开。

A. 十字轴线 B. 横轴为主、纵轴为辅

C. 对称轴线 D. 纵轴为主、横轴为辅

82. 西方的古典园林常采用（ ）方式展开，如法国的凡尔赛宫。

A. 对称轴线 B. 横轴为主、纵轴为辅

C. 十字轴线 D. 纵轴为主、横轴为辅

83. 地面设计必须让使用者觉得安全和（ ）。

A. 保温 B. 稳定 C. 质轻 D. 全面

84. 根据地面在室内的作用，它必须让人感到安全和稳定，另外还要考虑（ ）。

A. 隔热 B. 质轻 C. 吸声 D. 承受荷载

85. 墙面和隔墙在室内空间中既起到（ ）的作用，又起到担当活动背景的作用。

A. 分隔空间 B. 过渡空间 C. 依托空间 D. 衬托空间

86. 墙面除了具有隔声、吸声、保温、隔热的作用外，还要具有（ ）的作用。

A. 照明 B. 报警 C. 空调 D. 钉挂

87. 顶面是室内设计的重要内容，它承担了照明、（ ）、报警等设备功能。

A. 影视 B. 空调 C. 通风 D. 采热

88. 顶面处在室内空间中的上面，因此它较室内其他界面更要求（ ）。

A. 隔热 B. 静音 C. 保温 D. 质轻

89. 地面涂料具有适应性强、（ ）、花色品种多、施工方便等特点。

A. 纹理清晰 B. 高雅华丽 C. 价格昂贵 D. 价格低廉

90. 石材中的（ ）是一种高级地面材料，装饰效果好，但其中部分品种具有放射性物质。

A. 玻化砖 B. 大理石 C. 花岗岩 D. 瓷砖

91.（　　）的墙面材料要起到辅助墙体吸音、反射等声学功能的作用。

A. 住宅　　B. 办公室　　C. 演播室　　D. 图书馆

92. 墙面的材料很多，其中用（　　）装饰墙面，让人感觉十分温暖和安全。

A. 织物　　B. 石材　　C. 玻璃　　D. 铝合金

93. 顶面材料最主要的特性是（　　）。

A. 质重、光反射率高　　B. 质轻、光反射率低

C. 质轻、光反射率高　　D. 质重、光反射率低

94. 顶面吊顶有平板吊顶、（　　）、局部吊顶、格栅吊顶和藻井式吊顶五大类。

A. 石膏吊顶　　B. 全面吊顶　　C. 夸张吊顶　　D. 异型吊顶

95. 根据材料的质地，住宅厨房界面的材料应选用（　　）、易清洁的材料。

A. 表面光滑　　B. 表面粗糙　　C. 高雅华丽　　D. 粗犷有力

96.（　　）材料运用到室内，带给人一种精密、高科技的感受。

A. 玻璃　　B. 砖墙　　C. 不锈钢　　D. 大理石

97. 界面的线型是指（　　）、界面边缘、界面的线脚和界面的形状。

A. 界面的材料　　B. 界面的灯光　　C. 界面的图案　　D. 界面的设备

98. 室内装修中，地面铺装好，通常会在墙面和地面交界处设置（　　）。

A. 挂镜线　　B. 踢脚板　　C. 压线板　　D. 界面的设备

99. 室内界面不同的处理给人的感受是不同的，一般来说，垂直的线型划分空间显得（　　）。

A. 收缩降低　　B. 扩大增高　　C. 开敞降低　　D. 紧缩增高

100. 室内界面的材料不同给人的感受不同，石材、玻璃给人的感觉是（　　）。

A. 庄严　　B. 挺拔冷峻　　C. 亲切温馨　　D. 清新明快

101. 室内照明由（　　）和人工照明两部分组成。

A. 辅助照明　　B. 天然采光　　C. 灯光照明　　D. 重点照明

102. 室内自然光照效果主要取决于采光部位和采光口的（　　）和布置形式。

A. 形状　　B. 高低　　C. 面积大小　　D. 朝向

103. 单位受光面积所接受的光通量数称为照度。照度的单位是（　　）。

A. 毫升　　B. 千米　　C. 勒克斯　　D. 勒科

104. 桌面、工作面的照度不应少于（　　）lx。

A. 100　　B. 150　　C. 200　　D. 250

105. 光色主要取决于光源的色温，色温在（　　）K 以上有冷的感觉。

A. 3 000　　B. 5 000　　C. 6 000　　D. 8 000

106. 色温在（　　），给人稳重、温暖的感觉。

A. 3 000 K 以下　　B. 3 000 ~5 000 K

C. 5 000 K　　D. 6 000 K

107. 为了更好地控制室内眩光的产生，一般室内常采用（　　）的材料。

A. 无光泽　　B. 有光泽　　C. 深颜色　　D. 淡颜色

108. 灯与人的视线间形成的角度（　　）时，室内眩光现象将大大减弱。

A. 小于 50°　　B. 小于 40°　　C. 大于 40°　　D. 大于 50°

109. 根据光照特性，（　　）能加强物体的阴影，光影相对比，能加强空间的立体感。

A. 漫射光　　B. 间接光　　C. 直接光　　D. 反射光

110. 在室内空间中，运用直接光能加强物体的阴影，光影相对比，能加强空间的（　　）。

A. 光影感　　B. 立体感　　C. 整体感　　D. 视觉感

111. 将室内绿色植物的影子射向天花板，使光影效果在（　　）产生丰富的艺术效果。

A. 分隔面　　B. 地面　　C. 墙面　　D. 顶面

112. 有光就有影，阴影的形成与光线投射的（　　）有密切关系。

A. 位置　　B. 方向　　C. 长短　　D. 大小

113. 在室内选用天然材料，如石材、陶瓷、竹木，制成灯具，往往给人以（　　）。

A. 现代感　　B. 朴素的亲切感

C. 华丽感　　D. 玲珑的精致感

114. 在室内选用镀铬、镀镍等金属材料制成的灯具，则往往给人以（　　）。

A. 现代感　　B. 朴素的亲切感

C. 华丽感　　D. 玲珑的精致感

115. 房间选用光源时，应该按照房间功能、（　　）、灯具形式及要求的环境气氛进行综合考虑。

A. 照明方式　B. 灯光艺术　C. 照明效果　D. 光源变化

116. 室内照明形式要根据室内家具、陈设、摆设及（　　）来设置。

A. 地面　B. 墙面　C. 顶面　D. 交界面

117. 人工光源一般有三种：白炽灯、（　　）、高压气体放电灯。

A. 汞灯　B. 钠灯　C. 钨丝灯　D. 荧光灯

118. 在城市道路和广场中，常选用寿命长、光效高、透雾性强的灯具，例如（　　）。

A. 白炽灯　B. 高压钠灯　C. 钨丝灯　D. 荧光灯

119. 按照灯具的散光方式分，半间接照明灯具具有漫射光，适合（　　）。

A. 展览照明　B. 休息照明　C. 学习照明　D. 洗浴照明

120. 按照灯具的散光方式分，（　　）灯具具有漫射光，适合阅读和学习。

A. 间接照明　B. 半间接照明　C. 漫射照明　D. 直接照明

121. 照明有四原则：功能性原则、（　　）、经济性原则和安全性原则。

A. 节约性原则　B. 实用性原则　C. 美观性原则　D. 有效性原则

122. 住宅浴室中化妆洗脸的区域需要较高的照度，其照度为（　　）lx。

A. 75～150　B. 200～500　C. 300～750　D. 750～1 500

123. 色彩的本质即各种不同波长的（　　），光是色彩存在的依据。

A. 紫外线　B. 微波辐射　C. 电磁辐射　D. 光辐射

124. 人们看到的颜色，是（　　）中减去被吸收和透射的光波而反射出来的光波。

A. 入射光　B. 照射光　C. 反射光　D. 折射光

125. 色彩的三要素之色彩的三个属性，即色相、明度和（　　）。

A. 暗度　B. 亮度　C. 彩度　D. 光泽度

126. 想让一个颜色的明度和彩度同时降低，应在其中加入（　　）。

A. 黄色　B. 青色　C. 白色　D. 黑色

127. 色彩的三原色为红、黄、蓝，将其中的红和蓝进行调和产生的紫色称为（　　）。

A. 复色　　B. 间色　　C. 补色　　D. 相近色

128. 物体的颜色（红、黄、蓝）三色的混合为（　　）混合，最后得到黑色。

A. 加色　　B. 减色　　C. 补色　　D. 复色

129. 色彩有冷暖感，根据这一特性我们常常在夏日里用（　　）装饰室内，让人有一种清新、凉爽感。

A. 红黄色调　　B. 蓝绿色调　　C. 橙色调　　D. 红紫色调

130. 色彩有冷暖感，根据这一特性我们常常在冬日里用（　　）装饰室内，让人有一种温暖感。

A. 蓝紫色调　　B. 蓝绿色调　　C. 青色调　　D. 红紫色调

131. 室内设计中，一般采用（　　）的色彩设计。

A. 左重右轻　　B. 左轻右重　　C. 上轻下重　　D. 上重下轻

132. 同一明度等级的色彩，彩度高的色彩感觉（　　）。

A. 轻　　B. 重　　C. 沉　　D. 浮

133. 色彩可以使人感觉进退、凹凸、远近的不同，一般暖色和明度高的色彩使人感觉（　　）。

A. 后退　　B. 前进　　C. 缩小　　D. 内凹

134. 色彩可以使人感觉进退、凹凸、远近的不同，一般冷色和明度低的色彩使人感觉（　　）。

A. 后退　　B. 前进　　C. 缩小　　D. 内凹

135. 室内空间中常采用与背景色（　　）颜色的陈设，以突出该陈设的装饰效果。

A. 相近　　B. 对比　　C. 相似　　D. 同类

136. 一般来说，（　　）色温、高彩度、高明度的色彩容易引起人的注意。

A. 高　　B. 亮　　C. 低　　D. 暗

137. 冷色和（　　）的色彩具有内敛作用，因此使物体显得小一些。

A. 明度高　　B. 明度低　　C. 低色温　　D. 高色温

138. 暖色和（　　）的色彩具有膨胀作用，因此使物体显得大一些。

A. 明度高　　B. 明度低　　C. 低色温　　D. 高色温

139. 色彩的对比造成了人视觉的错觉，在展览设计中常用（　　）的背景衬托较浅的展品。

A. 较深　　B. 较淡　　C. 较暖　　D. 较冷

140. 根据色彩的错觉感，黑框中的灰色要比相同的灰色感觉（　　）。

A. 较暖　　B. 较浅　　C. 较深　　D. 较冷

141. （　　）能刺激神经系统和消化系统，有助于提高逻辑思维能力。

A. 蓝色　　B. 橙色　　C. 黄色　　D. 紫色

142. （　　）能促进身体平衡，有助于消化和镇静。

A. 蓝色　　B. 橙色　　C. 黄色　　D. 绿色

143. （　　）让人产生蓝天、大海、南国的联想。

A. 蓝色　　B. 橙色　　C. 黄色　　D. 绿色

144. （　　）在中国象征南（朱雀），而在日本象征敬爱。

A. 蓝色　　B. 橙色　　C. 黄色　　D. 红色

145. 在室内色彩设计中，通常将视觉关注中心色彩的（　　）作为背景色，以减缓视觉疲劳。

A. 间色　　B. 复色　　C. 补色　　D. 光泽色

146. 室内色彩基调中采用（　　），给人一种鲜艳、饱满、充实、理想的联想。

A. 极高调　　B. 鲜艳调　　C. 暖调　　D. 冷调

147. 不同的材质有不同的色彩，要充分利用材质的本色，使室内色彩更加自然清新，富有（　　）。

A. 华丽感　　B. 亲切感　　C. 本土感　　D. 轻盈感

148. （　　）材料制成的家具装饰部件应不加任何粉饰地暴露其结构肌理，使其格调清新、雅致。

A. 竹木　　B. 金属　　C. 塑料　　D. 织物

149. 色彩具有地域性，黑瓦白墙，建筑及室内清新淡雅的色彩装饰常出现于中国的（　　）。

A. 北方　　B. 南方　　C. 中部　　D. 西部

150. 色彩具有地域性，一般来说我国北方地区的色彩设计偏向（　　）。

A. 深沉、暖色　　B. 浓厚、浓烈

C. 淡雅、凉爽　　D. 冰冷、凉快

151. 住宅室内设计中，儿童房一般采用（　　）色彩设计。

A. 相近色　　B. 鲜亮色　　C. 柔和色　　D. 黑白色

152. 住宅室内设计中，（　　）一般追求简单明快的色彩设计。

A. 年轻人　　B. 老人　　C. 儿童　　D. 中年人

153. 当室外有较好的自然景色时，室内应尽量采用（　　）来取得与室外景色相协调。

A. 开门形式　　B. 开窗形式　　C. 大玻璃窗　　D. 小玻璃窗

154. 在商业空间中，为了突显琳琅满目的商品，其室内背景往往采用（　　）。

A. 鲜亮色　　B. 简洁色　　C. 红色　　D. 绿色

155. 当室内色彩比较丰富时，并且出现了好几组（　　），设计师往往用无彩色进行调和。

A. 相近色　　B. 鲜亮色　　C. 灰色　　D. 对比色

156. 同一色相的颜色进行变化统一调和，给人的感觉是（　　）。

A. 亲和感　　B. 融合感　　C. 暧昧感　　D. 明快感

157. 人眼一先一后看到两种不同色彩的对比，称为（　　）。

A. 前后对比　　B. 连续对比　　C. 轻重对比　　D. 同时对比

158. （　　）属于色适应，会引起人们的视觉疲劳，要尽量少用。

A. 前后对比　　B. 强烈对比　　C. 连续对比　　D. 同时对比

159. 室内色彩的重复或（　　），是加强室内图底色彩关系的重要方法。

A. 呼应　　B. 对比　　C. 反差　　D. 调和

160. 室内色彩设计也要有疏有密，有规律的变化，这被称为（　　）。

A. 色彩的调和　　B. 色彩的对比　　C. 色彩的韵律　　D. 色彩的组织

161. 墙面与顶棚都采用涂料时，色彩的交换位置常设置在（　　）的边缘。

A. 墙面　　B. 顶棚　　C. 交接中间　　D. 交接下面

162. 墙面与顶棚均采用（　　）铺面时，可在交接处设凹缝。

A. 瓷砖　　B. 水泥　　C. 板材　　D. 马赛克

163. 当同一界面采用不同的材料和色彩时，可以在交界处做成不同形式的接缝，其宽度在（　　）mm。

A. 1～2　　B. 3～5　　C. 5～7　　D. 6～8

164. 凸出或凹进墙面，可采用色彩（　　）、明度偏低，能与墙面、地面协调的色彩处理。

A. 较浅　　B. 较深　　C. 较亮　　D. 较鲜

建筑结构与房屋装饰构造

一、判断题（将判断结果填入括号中。正确的填“√”，错误的填“×”）

1. 在设计基准期内，其值不随时间变化的荷载叫恒载。（　　）

2. 外部荷载对构件的作用力统称为外力。（　　）

3. 水平简支构件在跨间承受垂直荷载时，该构件将发生弯曲，构件的上部受拉，下部受压，这种构件叫作受弯构件。（　　）

4. 钢筋是构件中的受压承力部件。（　　）

5. 混凝土是由水泥、细骨料、粗骨料加水按一定比例配合拌制成混合料，再经硬化而形成的人造石材。（　　）

6. 任意硬质材料都可以作为砌体的块材。（　　）

7. 砌体结构中的砂浆，是将单块块材连接成整体共同工作。（　　）

8. 在建筑工程中的钢筋混凝土梁板这类受弯构件，可能产生竖向裂缝和斜向裂缝而破坏。（　　）

9. 钢筋混凝土板的厚度，与板的支座特点、板的跨度、板承受的荷载等因素有关。（　　）

10. 仅在钢筋混凝土梁的受拉区配置受力钢筋，则称为单筋梁。（　　）

11. 钢筋混凝土柱的混凝土强度等级，常采用不低于C20的。（　　）

12. 现浇整体式楼盖结构，是指直接在建筑的设计地点安装模板、绑扎钢筋、浇筑混凝土所形成的楼盖结构体系。（　　）

13. 钢筋混凝土中单向板与双向板的受力情况是相同的。（　　）

14. 钢筋混凝土梁的承载能力除了自身的形状、大小和配筋之外，还应与荷载的类型和支座的设置情况有关。（　　）

15. 单向板肋形楼盖一般是由板、次梁、主梁组成的，楼盖支撑在相应的柱、墙等竖向承重构件上。（　　）

16. 混合结构房屋是指同一房屋结构中采用两种或两种以上不同施工方法所形成的房屋体系。（　　）

17. 混合结构房屋中的墙体只具有承重作用。（　　）

18. 楼（屋）盖等竖向荷载主要由横墙承受，并经横墙基础传至地基的承重体系，这种承重方案叫作纵墙承重体系。（　　）

19. 我国一般将房屋按其高度分为低层建筑、多层建筑、高层建筑、超高层建筑等几个层次。（　　）

20. 框架结构是由板、梁、柱和墙组成的承受竖向和水平荷载的结构体系。（　　）

21. 房屋的剪力结构体系是由一系列纵向、横向剪力墙及楼盖所组成的空间结构。（　　）

22. 把框架和剪力墙结合在一起，共同承受竖向和水平荷载的结构，叫作框架—剪力墙结构。（　　）

23. 筒体结构是将剪力墙或由柱距小于3 m的密柱或高的窗裙深梁的框架集中到房屋内部和外围而形成的空间封密式的筒体，其具有相当大的抗侧刚度。（　　）

24. 建筑构造是建筑学专业的一门综合性的工程理论科学。（　　）

25. 基础是建筑物最下部分，埋在地面以下、地基之上的承重构件。（　　）

26. 墙是建筑物的围护构件。（　　）

27. 能够分隔、围合空间的墙叫隔墙。（　　）

28. 楼梯是上下各层之间的垂直交通设备。（　　）

29. 屋顶就是屋面防水构造体系。（　　）

30．门的大小、数量及开关方向是根据通行能力、使用方便和防水要求决定的；窗用作出入、采光和通风透气，是房屋承重结构的一部分。（ ）

31．墙面装饰的目的就是为了美化室内环境。（ ）

32．抹灰类墙面饰面是使用砂浆类材料对墙面做一般抹灰，或辅以其他材料，使用不同的操作工具和操作方法做成的饰面层。（ ）

33．贴面类饰面是指把规格和厚度都比较小的块料粘贴到墙体装饰基层上的一种做法。（ ）

34．对于边长超过400 mm或厚度大于40 mm的块材，不可仅用粘贴的方法铺设于墙面上。（ ）

35．木质立筋罩面板装饰墙面主要由基层、龙骨、面层所组成，基层为水泥砂浆找平层。（ ）

36．实铺式木地板是指直接在实体基层上铺设木搁栅的地面，实贴式木地板是指直接在实体基层上铺贴面板层的地面。（ ）

37．顶棚装修的目的是为了满足功能及美观的要求，在装饰设计和施工中应满足空间的舒适性、安全性、卫生条件、建筑物理性能、防火、经济性等要求。（ ）

38．吊式顶棚是通过吊筋、大小龙骨所形成的骨架体系和铺设面层材料而形成的一种顶棚构造方式。（ ）

二、单项选择题（选择一个正确的答案，将相应的字母填入题内的括号中）

1．以下荷载中，（ ）不为活荷载。

A．结构自重　B．风荷载　C．楼面人员　D．冲撞

2．长期作用于一个点的荷载叫作（ ）。

A．集中荷载　B．均布荷载　C．集中恒载　D．活载

3．在外力的作用下，在构件内部各部分之间产生的相应相互作用力称为（ ）。

A．内力　B．轴力　C．弯矩　D．剪力

4．构件内力的大小由（ ）所决定。

A．外力的类型和大小　B．构件的性质和形状

C．计算公式　D．外力的情况和构件的特性

5. 水平简支承受垂直荷载的受弯构件，截面上主要以内力为（ ）。

A. 弯矩 B. 轴心 C. 剪力 D. 弯矩和剪力

6. 纵向外力的作用点方向与构件的轴线不重合时，称为（ ）构件。

A. 受弯 B. 轴向受力 C. 偏心受力 D. 受剪

7. （ ）不为变形钢筋。

A. 光面钢筋 B. 螺纹钢筋 C. 人字纹钢筋 D. 月牙纹钢筋

8. 钢筋的（ ）直接影响到构件的承载能力。

A. 大小 B. 截面大小

C. 组成成分 D. 组成部分、截面大小

9. 混凝土中的水泥、细骨料、粗骨料和水，按（ ）的配合比混合。

A. 规定 B. 任意 C. 施工方便 D. 经济省钱

10. 混凝土施工中搅拌时间（ ），则硬化后受力性能就好。

A. 越多 B. 越少 C. 适当 D. 随意掌握

11. 普通烧结砖的标准尺寸为（ ）。

A. 200 mm×100 mm×50 mm B. 240 mm×115 mm×53 mm

C. 240 mm×115 mm×90 mm D. 390 mm×90 mm×90 mm

12. 孔洞率不小于15%的烧结砖，称为（ ）砖。

A. 标准 B. 多孔 C. 空心 D. 承重

13. 砌筑砌体中的水泥砂浆，各种组成材料应按（ ）的配合比混合。

A. 规定 B. 任意 C. 施工方便 D. 经济省钱

14. 由水泥、石灰膏与黄砂加水拌制成的砂浆叫作（ ）砂浆。

A. 水泥 B. 混合 C. 石灰 D. 黏土

15. 钢筋混凝土梁的正截面破坏是由于（ ）产生的。

A. 受拉 B. 受压 C. 受弯 D. 受剪

16. 若钢筋混凝土简支梁受弯破坏，其受剪产生的斜裂缝出现在构件的（ ）。

A. 中间 B. 中间下侧 C. 两端 D. 两端下侧

17. 钢筋混凝土板的最小厚度，由板的计算（ ）所决定。

A. 厚度　　B. 跨度　　C. 高度　　D. 净尺寸

18. 钢筋混凝土板内的受力钢筋和分布钢筋一般为相互（　　）配置与固定。

A. 平行　　B. 垂直　　C. 交错　　D. 倾斜

19. 钢筋混凝土矩形梁的高度，小于800 mm 则以（　　）mm 递增。

A. 50　　B. 100　　C. 150　　D. 200

20. 钢筋混凝土矩形梁的高宽比一般取（　　）。

A. 1.0～2.0　　B. 2.0～3.0　　C. 3.0～4.0　　D. 4.0～5.0

21. 钢筋混凝土柱中的受压钢筋不宜采用（　　）钢筋，以便充分发挥钢筋的受力性能。

A. 低强度　　B. 高强度　　C. 粗　　D. 变形

22. 钢筋混凝土柱截面的最小尺寸为（　　）。

A. 200 mm×200 mm　　B. 200 mm×250 mm

C. 250 mm×250 mm　　D. 150 mm×300 mm

23. 预先将各种混凝土构件制作好，将其运到施工现场，按建筑设计要求进行安装固定的楼盖，叫作（　　）楼盖。

A. 预制　　B. 装配式　　C. 预制装配式　　D. 整体现浇式

24.（　　）钢筋混凝土楼盖具有机械化程度高、工化生产范围广、施工进度快的优点。

A. 预制式　　B. 装配式　　C. 预制装配式　　D. 整体现浇式

25. 对于钢筋混凝土板，在设计中仅考虑短边方向的受弯，对于长向的受弯只作局部的构造处理，这种板叫作（　　）板。

A. 单向　　B. 双向　　C. 三向　　D. 四向

26. 对于钢筋混凝土板，在设计中必须考虑长向和短向受弯的板，这种板叫作（　　）板。

A. 单向　　B. 双向　　C. 三向　　D. 四向

27. 梁的两端设置两个活动支座，并可沿水平方向伸缩移动的梁，叫作（　　）。

A. 固定梁　　B. 简支梁　　C. 钢架梁　　D. 复合梁

28. 结构体系中失去一个支座或杆件时，不会导失稳状态，这种体系叫作（　　）结构。

A. 静不定　　B. 静定　　C. 超静定　　D. 活动

29. 井式楼盖一般是由（　　）与交叉梁组成的楼盖，交叉梁在交点处不设柱子。

A. 单向板　　B. 双向板　　C. 悬挑板　　D. 多向边

30. 无梁楼盖是将板直接支撑在（　　）上，楼面不设梁。

A. 墙　　B. 柱　　C. 柱帽　　D. 梁

31. 混合结构房屋是指同一房屋结构中采用两种或两种以上不同（　　）的承重结构体系。

A. 力学计算　　B. 材料组成　　C. 施工方法　　D. 受力方式

32. 基础、柱承重构件由钢筋混凝土做成，楼盖、屋盖由钢材做成的房屋结构，叫作（　　）结构。

A. 砖混　　B. 钢材混凝土　　C. 木　　D. 型钢

33. 普通砖砌体中的一砖墙厚（　　）mm。

A. 120　　B. 240　　C. 370　　D. 490

34. 普通砖砌体中的二砖墙厚为（　　）mm。

A. 120　　B. 240　　C. 370　　D. 490

35. 楼（屋）盖等竖向荷载主要由纵墙承受，并经纵墙基础传至地基的承重体系，这种承重方案叫作（　　）承重体系。

A. 横墙　　B. 纵墙　　C. 纵横墙　　D. 内框架

36. 楼（屋）盖等竖向荷载由房屋内部的钢筋混凝土柱和砌体外墙共同承重，这种承重方案叫作（　　）承重体系。

A. 横墙　　B. 纵墙　　C. 纵横墙　　D. 内框架

37. 我国一般将1~2层的房屋称为（　　）建筑。

A. 低层　　B. 多层　　C. 高层　　D. 小高层

38. 我国一般将8层以上的房屋称为（　　）建筑。

A. 低层　　B. 多层　　C. 高层　　D. 小高层

39.（　　）承重框架的布置是，框架主梁沿纵向布置，在房屋的横向设置连系梁。

A. 纵向　　B. 横向　　C. 纵横双向　　D. 环向

40.（　　）承重框架的布置是，框架梁沿纵横两个方向布置，在房屋中形成井字梁楼面结构形式。

A. 纵向　　B. 横向　　C. 纵横向　　D. 环向

41. 剪力墙承受房屋的（　　）荷载。

A. 水平　　B. 竖向　　C. 倾斜　　D. 水平和竖向

42. 剪力墙在结构平面上为拉通、对直，如矩形的建筑平面，剪力墙沿（　　）布置。

A. 两个正交方向　　B. 三个三交方向

C. 径向　　D. 环形

43. 在框架—剪力墙结构体系中，竖向荷载主要由（　　）承受。

A. 梁　　B. 柱　　C. 框架　　D. 剪力墙

44. 在框架—剪力墙结构体中，平面布局常为（　　）布置。

A. 分散　　B. 均匀

C. 对称和周边　　D. 分散、均匀、对称、周边

45. 筒体结构体系适用于（　　）的建筑。

A. 低层　　B. 多层　　C. 高度高　　D. 层数多、高度高

46. 几个筒体相互套合在一起的体系叫作（　　）结构。

A. 框架—筒体　　B. 筒中筒　　C. 组筒　　D. 剪力墙筒体

47. 建筑构造是建筑学专业的一门综合性的（　　）科学。

A. 工程理论　　B. 工程技术　　C. 应用　　D. 理论

48.（　　）为建筑物的空间结构形式。

A. 砖混合物　　B. 框架结构　　C. 网架、悬索　　D. 木梁柱结构

49. 房屋的基础构造，除了保证基础自身有足够的强度，还应确定合理的（　　）。

A. 材料　　B. 宽度

C. 深度　　D. 基础底面宽度和埋置深度

50.（　　）基础属于柔性基础，不受刚性角的限制影响承载能力。

A. 砖　　B. 钢筋混凝土　　C. 毛石　　D. 混凝土

51. 砖墙砌筑中的全顺式、一顶一顺式、梅花丁式等，指的是砖块在砌体中的（　　）。

A. 排列方式　　B. 形成缝的形式

C. 受力特点　　D. 安放位置

52. 门窗洞口的顶部，应根据（　　）采用合理的过梁结构形式。

A. 高度　　B. 宽度

C. 荷载　　D. 宽度、荷载、艺术造型

53. 由加气混凝土块材砌筑的隔墙叫作（　　）隔墙。

A. 活动　　B. 灰板条抹灰　　C. 砌块　　D. 板材

54. 使用单板高度相当于房间净高的纸蜂窝板直接装配而成的隔墙叫作（　　）隔墙。

A. 活动　　B. 灰板条抹灰　　C. 块材　　D. 板材

55. 按规定，每段楼梯设踏步不得超过（　　）级，也不得少于3级。

A. 3　　B. 8　　C. 18　　D. 22

56. 楼梯宽度超过1 400 mm时，应（　　）。

A. 单面设扶手　　B. 双面设扶手

C. 中央设扶手　　D. 双面设扶手，且中央另加扶手

57. 屋顶坡度小于5%的屋顶叫作（　　）。

A. 平屋顶　　B. 坡屋顶　　C. 斜屋顶　　D. 拱形屋顶

58. 用细石混凝土、防水砂浆、防水涂料在屋面结构上形成的防水层叫作（　　）防水屋面。

A. 柔性　　B. 刚性　　C. 坡面　　D. 自防水

59. 依前后方向开门，并在房间内开关，叫作（　　）。

A. 平开门　　B. 内平开门　　C. 外平开门　　D. 推拉门

60. 不设窗扇而将玻璃直接固定在窗框上的窗，叫作（　　）。

A. 平开窗　　B. 内平开窗　　C. 外平开窗　　D. 固定窗

61. 墙面装饰的目的是（　　）。

A. 保护墙面

B. 改善室内使用条件

C. 美化室内环境

D. 保护墙面、改善室内使用条件、美化室内环境

62. 为了通过内墙装饰美化室内环境，内墙与顶面、地面（　　）构成室内装饰界面，同时对家具和陈设起衬托的作用。

A. 协调一致共用　　B. 分别

C. 合并共同　　D. 自行

63. 一般墙面抹灰的构造层次有（　　）。

A. 底层、中层　　B. 中层、中层

C. 底层、面层　　D. 底层、找平层、面层

64. 墙面抹灰装饰中，墙面护角线的高度一般为（　　）mm。

A. 900～1 200　　B. 1 200～1 500　　C. 1 800～2 000　　D. 2 000～2 500

65. 内外墙面砖的吸水率高低，能够影响到（　　）。

A. 面砖与基层的黏结力　　B. 面砖的抗冻性

C. 面砖的耐污性　　D. 面砖的抗冻、耐污性与基层的黏结力

66. 铺设浅色或白色玻璃马赛克，应该使用（　　）粘贴。

A. 普通水泥砂浆　　B. 混合砂浆

C. 水泥浆　　D. 白色水泥

67. 采用绑扎法安装墙面石饰面板，应使用（　　）将石材绑扎固定在横向钢筋上。

A. 铅丝　　B. 铁丝　　C. 铜丝或不锈钢丝　　D. 棉绳

68. 采用干挂法安装墙面石饰面板，是通过镀锌锚固件与基体连接，并（　　）使用砂浆的湿作业操作。

A. 去除　　B. 保留　　C. 继续　　D. 随意

69. 采用木质立筋罩面板装饰墙面中，为了防止墙体的潮气使面板出现开裂变形、钉锈和霉面及燃烧，必须进行必要的（　　）处理。

A. 防潮　　B. 防腐

C. 防火　　D. 防潮、防腐、防火

70. 采用木质立筋罩面板装饰墙面中，对于不同界面的交接、阴阳角的转角端部的收口、面板板缝的拼接等细部处理，都是装饰构造设计的（　　）。

A. 重点和难点　B. 重点　C. 难点　D. 忽视点

71. 使用长板条的木地板，其板条铺钉的长方向应顺着（　　）方向。

A. 门口进入　B. 窗口光线进入

C. 门口或窗口光线进入　D. 房间短边

72. 地毯自身的构造层次为：面层、（　　）、初级背层和次级背层。

A. 黏结层　B. 隔离层　C. 垫层　D. 防潮层

73.（　　）装饰重点是，巧妙地组合照明、通风、防火、吸声等设备，形成统一的、优美的室内景观。

A. 直接式顶棚　B. 结构顶棚

C. 吊式顶棚　D. 轻钢龙骨顶棚

74. 顶棚装修设计中满足（　　）要求时，对设置发热设备、有电气线路等的顶棚，要选用防火材料或采取相应的防火措施。

A. 安全性　B. 建筑物理性　C. 防火　D. 经济性

75. 吊顶顶棚中的（　　）是次龙骨和吊筋之间的连接构件。

A. 主龙骨　B. 次龙骨　C. 吊筋　D. 面层

76. 吊式顶棚中的（　　）是采用固定安装层面材料的，其间距一般不大于600 mm。

A. 主龙骨　B. 次龙骨　C. 吊筋　D. 面层

室内环境和设备

一、判断题（将判断结果填入括号中。正确的填“√”，错误的填“×”）

1. 室内热环境是由室内空气温度、空气湿度、气流速度和室内各表面的平均辐射温度等因素综合组成的室内气候。（　　）

2. 在同样的室内热环境下，不同的人对热环境的满意程度是有一定区别的。（　　）

3. 凡是有温差的地方就一定有热量在传递，并趋向冷热平衡。（　　）

4．人的可见光是波长为380～780 mm的电磁波。（ ）

5．光通量是以人的视感觉的特性来衡量辐射功率大小的物理量。（ ）

6．材料对光的反映就是体现了材料的色彩。（ ）

7．天然采光的设计，就是按室外光环境的模型来决定开窗的位置、形状和大小，以保证室内的光环境满足人们的工作、学习、生活的需要。（ ）

8．通常，我们用光效、光源色、显色性、表面亮度、光通量和寿命等来描写光源的光特性。（ ）

9．常用配光曲线、保护角、灯具效率等来反映灯具的光特性。（ ）

10．声音是一种机械波，声源是振动的物体，声介质是传播声音的固体、液体或气体。（ ）

11．材料和构造的声学特性主要是指材料和构造的吸声、隔声、反射、优化等特性。（ ）

12．噪声有害于听力，会引起疾病，影响人的正常工作、学习和生活，还会损害建筑物。（ ）

13．卫生器具一般包括便溺用卫生器具，盥洗、沐浴用卫生器具，以及地漏和存水弯。（ ）

14．建筑给水、排水和消防系统采用的管材和管件应符合现行产品行业标准的要求，管道和管件的工作压力不得大于产品标准标称的允许工作压力和温度，生活饮用给水系统的材料必须达到饮用水卫生标准。（ ）

15．在建筑给排水系统中，只有给水系统中才设置水泵和泵房。（ ）

16．居住建筑的室内给水系统按用途分为生活给水系统、生产给水系统和消防给水系统三大类。（ ）

17．给水系统的给水方式，是由建筑物的高度、使用要求、配水点所需水压、室外管网供水水压和配水量等因素所确定的。（ ）

18．室内给水管道的布置原则为管道尽量短、施工检修方便、实用美观。（ ）

19．消火栓给水系统是指从室外给水系统中吸取所需的水量，经过加压、输送，达到及时扑灭火灾的目的。（ ）

20. 一般情况下，消防用水直接由生活给水系统直接供给。（　）

21. 自动喷水灭火系统是指室内发生火灾后自动喷水进行喷水救灾的装置。（　）

22. 根据所排水体的性质不同，建筑物的排水系统有生活污水、生活废水、冷却废水、雨水、其他水体等几种排水系统。（　）

23. 卫生间应尽可能设置于建筑物的北面，各楼层卫生间位置宜上下对齐，以利于排水立管的设置和排水的通畅。（　）

24. 室内排水系统的通气管处于系统的最高端。（　）

25. 光源在单位时间内，向周围空间辐射出使人眼产生感觉的光能，称为光通量，单位为流明（lm）。（　）

26. 照度是指被照物体单位面积上收到的光通量，单位是勒克斯。（　）

27. 光源发出光的颜色，不会直接影响人的心理感觉。（　）

28. 电光源发出的光线在空间的分布情况是由电光源的载体灯具来决定的。（　）

29. 热辐射光源以钨丝为辐射体，通电后钨丝达到白炽状态，从而产生热辐射并伴随光辐射，故发光效率很低。（　）

30. 白炽灯是热辐射光源，其光谱能量为连续分布型，故显色性好，但光效低，能源消耗量大。（　）

31. 因照明的应用场合不同、照明目的不同、照明的光源和灯具不同，从而形成了不同的照明类别和照明方式。（　）

32. 人工照明设计的工作内容就是选择电源和进行灯具布置。（　）

33. 照明设计质量评价指标有照度的合理性、稳定性、均匀度，亮度的均匀性与颜色对比，阴影的处理。（　）

34. 对于室内照明设计的用电负荷计算而言，所使用的电源均为380 V/220 V三相/单相低压交流电，因此设计人员面临的主要问题为用电负荷安全用电问题。（　）

35. 根据电力负荷的性质和停电对用户造成的损害程度，将电力负载分成三级，并由此确定对供电源的要求。（　）

36. 由电容量、电压值、经济性、可靠性因素进行电气线缆的选择。（　）

二、单项选择题（选择一个正确的答案，将相应的字母填入题内的括号中）

1. 室内热环境对人体的影响主要表现在人的（　　）。

A. 冷或热　　B. 干与湿　　C. 冷热干湿感　　D. 风凉闷热

2. 影响室内热环境的室外热湿作用是指与（　　）密切相关的五大气候因素：太阳辐射、空气温度、空气湿度、风和降水。

A. 建筑物　　B. 人体　　C. 设备措施　　D. 环境

3. 热舒适的充分条件是人体的皮肤温度和汗液蒸发率必须处于（　　）内。

A. 相对稳定程度　　B. 舒适范围

C. 平衡水平　　D. 控制程度

4. 在不同的热环境中，人们的热感分为很冷、冷、稍冷、舒适、（　　）七个等级。

A. 稍热、热、很热　　B. 稍舒适、不舒适、很不舒适

C. 稍好、不好、很不好　　D. 可以、稍可以、不可以

5. 根据传热机理的不同，有（　　）三种基本的传热形式。

A. 导热、对流、辐射　　B. 导热、对流、发散

C. 传递、对流、辐射　　D. 导热、交换、辐射

6. 建筑围护结构的总热阻越大，则围护结构的热工性能（　　）。

A. 越差　　B. 越好　　C. 越一般　　D. 不变

7. 人的眼睛在视觉上的一个重要特点是，对功率大小相同而波长不同的单色光的视感觉（　　）。

A. 相同　　B. 不相同　　C. 有时相同　　D. 有时不相同

8. 在暗环境中，人眼对（　　）最为敏感。

A. 黄绿光　　B. 蓝绿光　　C. 黄色光　　D. 红色光

9. 发光强度为光源在某一方向上（　　）内的光通量。

A. 单位面积　　B. 单位长度　　C. 单位立体角　　D. 单位体积

10. 亮度为发光体在视线方向上（　　）的发光强度。

A. 单位面积　　B. 单位长度　　C. 单位立体角　　D. 单位体积

11. （　　）对光的反映为定向反射。

A. 玻璃　B. 镜面金属板　C. 石膏　D. 油漆饰面

12. （　　）对光的反映为均匀扩散。

A. 玻璃　B. 镜面金属板　C. 石膏　D. 油漆饰面

13. 在天然光的采光设计中，采用（　　）作为室外光气候的模型。

A. 全晴天　B. 全云天　C. 半阴天　D. 半晴天

14. 当室内完全利用天然光进行工作时，室外天然光的最低照度称为（　　）照度。

A. 临界　B. 最大　C. 最小　D. 极限

15. 电光源分为热辐射光源和气体放电光源，（　　）为热辐射光源灯。

A. 白炽灯　B. 荧光灯　C. 钠灯　D. 节能荧光灯

16. （　　）是指每瓦电能所发出的光通量。

A. 光效　B. 光源色　C. 显色性　D. 表面亮度

17. 照明方式有一般照明、分区一般照明、（　　）和混合照明四种类型。

A. 集中照明　B. 局部照明

C. 定点照明　D. 移动照明

18. （　　）照明是指只在工作点附近设置灯具。

A. 一般　B. 分区一般　C. 局部　D. 混合

19. 人们在室内除了听到直达声以外，还会听到来自各界面的一次反射声和多次反射声，这些反射声音的总和称为（　　）。

A. 噪声　B. 回声　C. 混响声　D. 扩音声

20. 由于同频率的声音在空间不同点的振幅大小不同，声级就不同，因此使人们感到（　　）。

A. 出现混响　B. 音质失真　C. 声音敏感度减弱　D. 音量降低

21. （　　）的构造特点是材料中有许多同外界相通的微小间隙和连续气泡。

A. 多孔吸声材料　B. 共振吸声构造

C. 同鸣发声构造　D. 其他吸声构造

22. 隔声构造的主要功能是控制（　　），阻止或减少声音的传播能力。

A. 噪声　B. 直达声　C. 混响声　D. 反射声

23. A 声级（L_A）是目前使用最广泛的噪声评价指标，它是由 A 计权网络的声级计算直接的（　　）。

A. 测量结果　　B. 估算结果　　C. 监听值　　D. 实验数据

24. 混响时间的设计目的，是建立同厅堂用途相适应的混响时间和（　　）。

A. 匀质要求　　B. 频率特性　　C. 控制噪声　　D. 声响

25. 坐便器本身构造带有存水弯，因此其排水管安装（　　）设置存水弯。

A. 可不　　B. 不需要　　C. 需另外再　　D. 必须

26. 地漏一般设置于（　　）附近地面的最低处。

A. 用水器具　　B. 易溅水器具　　C. 用水最多器具　　D. 走道

27. 给排水管道的连接中，（　　）不得采用焊的方式，必须采用螺纹连接。

A. 塑料管　　B. 热镀锌钢管　　C. 混凝土管　　D. 不锈钢管

28. 室内给水管道，应选用耐腐蚀和安装方便可靠的管材，（　　）则不可用。

A. 塑料管　　B. 铜管　　C. 一般铁管　　D. 不锈钢管

29. 建筑内的生活、消防水泵均采用自灌式引水，即水泵顶应低于水池的（　　）水位。

A. 最高　　B. 最低　　C. 常状　　D. 基本

30. 建筑供水系统中，生活和消防的水池，应（　　）设置。

A. 集中　　B. 分开　　C. 合并　　D. 合并或分开

31. 室内给水系统由引入管、水表结点、管道系统、给水附件、（　　）组成。

A. 升压和储水设备　　B. 水池和水泵

C. 水箱和水泵　　D. 开关和阀门

32. 高层建筑一般需采用生活、消火栓和水喷淋（　　）给水系统。

A. 综合　　B. 独立　　C. 混合　　D. 联合

33. 室外管网在一天中某个时刻周期性水压不足，或建筑物内某些用水点需要稳定压力，则宜采用（　　）给水方式。

A. 直接　　B. 水箱　　C. 水泵　　D. 分区

34. 室外供水管网的压力经常低于室内需水压力时宜采用（　　）供水方式。

A. 直接　B. 水箱　C. 水泵　D. 分区

35. 在室内联成环状的供水管网中，(　　) 引入管上设置水表和逆止阀。

A. 每条　B. 其中一条　C. 选择一条　D. 绝大部分

36. 给水管 (　　) 穿过各种建筑变形缝，否则应采取措施。

A. 不得　B. 不宜　C. 可以　D. 必须

37. 室内消火栓系统由 (　　)、水泵、管道和水泵接合器等组成。

A. 消防箱　B. 灭火器　C. 灭火机　D. 喷火器

38. 室内消火栓系统中的消防箱应设有消火栓、(　　)、水泵启动按钮和消防水喉等设备。

A. 水枪　B. 水龙带　C. 水枪与水龙带　D. 消防斧

39. 一般情况下，室内生活给水系统和消防给水系统宜 (　　) 设置。

A. 分开　B. 联合　C. 任意　D. 串联

40. 消防水箱的容积按室内 (　　) min 的消防用水量确定。

A. 5　B. 10　C. 15　D. 20

41. 自动喷水灭火系统一般由水源、加压储水设备、管网、(　　) 和报警装置组成。

A. 水龙头　B. 喷头　C. 喷水控制器　D. 开关

42. (　　) 喷水灭火系统的喷头是常开的。

A. 湿式　B. 干式　C. 预作用　D. 雨淋

43. 室内排水系统一般由卫生器具、(　　)、清通设备及某些特殊设备所组成。

A. 排水横支管、通气管

B. 排水横支管、立管

C. 排水横支管、立管、排出管

D. 排水横支管、立管、排出管、通气管

44. 室内排水系统中，立管的管径不应小于任何一根接入 (　　) 管径。

A. 横支管　B. 排出管　C. 通气管　D. 清污管

45. 坐便器的中心线与侧边墙面的距离至少为 (　　) mm。

A. 280　B. 380　C. 480　D. 580

46. 洗脸盆的上部与镜子底部的距离为（　　）mm。

A. 100　　B. 200　　C. 300　　D. 400

47. 仪设一个卫生器具，或虽接几个卫生器具，但共用一个存水弯的排水管道，（　　）通气管。

A. 可不设　　B. 可设　　C. 必须设　　D. 不设

48. 建筑物内底层污水单独排出的排水管道，（　　）通气管。

A. 可不设　　B. 可设　　C. 必须设　　D. 不设

49. 光源在单位时间内，向周围空间辐射出使人眼产生感觉的（　　），称为光通量。

A. 热能　　B. 光能　　C. 电能　　D. 势能

50. 在光通量相同的情况下，光源的球体越小，其发光强度（　　）。

A. 越小　　B. 越大　　C. 越相同　　D. 越弱

51. 照度的通俗讲法是指光源的光线将物体表面（　　）的程度。

A. 照到　　B. 照亮　　C. 反映　　D. 展示

52. 物体表面反光程度越高，在相同光通量下的亮度（　　）。

A. 越小　　B. 越大　　C. 越相同　　D. 越弱

53. 红、橙、黄、棕色给人以温暖的感觉，称为（　　）光。

A. 热色　　B. 暖色　　C. 冷色　　D. 温色

54. 光源的这种视觉颜色特性一般称为（　　）。

A. 色彩　　B. 色相　　C. 色调　　D. 色感

55. 光源发出的光线的色调与光源的温度有关，通常高色温光源发出的光线是（　　）的光。

A. 冷色调　　B. 热色调　　C. 暖色调　　D. 低色调

56. 光源显色性的优劣用显色指数来定量描述，显色指数越高，被照物体颜色的失真（　　）。

A. 越大　　B. 越小　　C. 不变　　D. 可能变大

57. 气体放电光源主要以（　　）的方式产生光辐射，故发光效率较高。

A. 电子辐射　　B. 光子辐射　　C. 原子辐射　　D. 热辐射

58．电光源的启动时间与再启动时间影响着光源的使用范围，并且启动次数的多少往往对光源的（　　）影响很大。

A．光色　　B．显色性　　C．使用寿命　　D．色调

59．照明灯具是将光源发出的光在空间进行（　　）的器具。

A．传布　　B．重新分配　　C．扩大　　D．启动

60．灯具按其（　　）常分为吸顶式、嵌入式、悬吊式和壁装式。

A．控制光线方向　　B．保护作用

C．安装方式　　D．发光形式

61．当正常照明因故障中断时，在事故情况下使用的照明叫作（　　）照明。

A．正常　　B．应急　　C．障碍　　D．装饰

62．为了创造或渲染某种环境氛围而设置的照明叫作（　　）照明。

A．正常　　B．应急　　C．障碍　　D．装饰

63．室内人工照明的设计步骤，一般为确定照明的种类、确定响应的照明标准、进行室内照度水平简单计算、（　　）。

A．照明灯具的具体布置　　B．电气照明线路的设计

C．灯具布置与线路设计　　D．照明效果的评价测定

64．当室内照明主要采用荧光灯等线形灯具时，应注意灯具的长轴方向宜纵向与正常工作时人的基本视线方向（　　）。

A．垂直　　B．平行　　C．交错　　D．斜交

65．照度的（　　）是指在短时间内引起照明光通变化的因素。

A．均匀性　　B．稳定性　　C．合理性　　D．变化性

66．在相同的照度下，显色性好的光源在感觉上要（　　）。

A．明亮　　B．阴沉　　C．昏暗　　D．冷静

67．用电负荷的大小与各用电设备容量的大小、数量的多少及（　　）有关。

A．运行方式　　B．使用时间　　C．使用时期　　D．运行数量

68．用电负荷估算指标是按各类建筑的类型、性质、用途、面积大小等情况，根据资料和统计数据而定出的（　　）。

A. 标准值　　B. 最大值　　C. 最小值　　D. 理论值

69.（　　）为：中断供电会导致人员伤亡，将在政治上、经济上造成重大损失及造成公共场所严重混乱的电力负荷，它要求两个或两个以上的独立电源供电。

A. 一级负荷　　B. 二级负荷　　C. 三级负荷　　D. 四级负荷

70. 一般情况下，如建筑物内某单元区域内单相用电设备的计算容量小于 1 kW 时，可以采用（　　）供电。

A. 220 V 单相　　B. 110 V 单相　　C. 三相四线制　　D. 270 V

71. 在低压电气工程中，宜优先使用（　　）导线。

A. 铝　　B. 铜　　C. 铁　　D. 锡

72. 在导体外面包一层绝缘物的单根导线叫作（　　）。

A. 电缆　　B. 电线　　C. 电热丝　　D. 裸电线

装饰材料、预算及工程质量验收

一、判断题（将判断结果填入括号中。正确的填“√”，错误的填“×”）

1. 建筑装饰材料是建筑材料的一个分支，是建筑装饰装修工程的物质基础。（　　）

2. 为了选择和使用材料的方便性，将装饰材料进行分类。（　　）

3. 装饰材料的使用目的是：造就环境，使人的工作环境和生活环境从整体上达到和谐，取得特定的装饰效果，做到自然环境和人造环境相融合。（　　）

4. 建筑装饰材料的发展趋势为人造材料代替天然材料。（　　）

5. 无机胶凝材料是以无机化合物为主要成分的一类胶凝材料，能将散粒状或块状材料黏结成一个整体的材料。（　　）

6. 建筑装饰用的建筑石膏，是一种磨细的半水石膏粉。（　　）

7. 水泥是一种气硬性无机胶凝材料。（　　）

8. 建筑大理石是指具有装饰效果的碳酸盐类岩石。（　　）

9. 花岗岩具有全晶质结构，属于质地较硬的酸性石材。（　　）

10. 水泥型人造石材是以水泥为胶结材料，以石粉、大理石为骨料，加颜料和水按一定

比例混合，经成型、养护、砂磨等主要工序而制成的人造装饰石材。（ ）

11. 陶瓷制品是以砂土为主要原料，经配制、制坯、干燥和焙烧等工艺而制得的成品。（ ）

12. 劈裂砖为双联砖的胚体，焙烧后再劈离成两块砖作饰面用，是一种墙地砖。（ ）

13. 建筑琉璃饰品属于施釉精制陶质制品。（ ）

14. 建筑材料上将树木按外形分为落叶树与常绿树两种。（ ）

15. 我国规定，15%的木材含水率称为木材标准含水率。（ ）

16. 使用木质基料和其他原料通过人工的方法制作而成的板材叫作人造木质板材。（ ）

17. 玻璃是一种集合了大量结晶体的均质材料。（ ）

18. 装饰玻璃是指具有装饰功能的玻璃。（ ）

19. 中空玻璃主要用于需要采暖、防止噪声和防止结露的建筑物上，如办公楼、住宅、商场的门窗玻璃及玻璃幕墙上。（ ）

20. 建筑涂料是涂刷于饰面的材料。（ ）

21. 溶剂型地面涂料用有机溶剂作稀释剂，因此涂料的运输、储存、施工中应注意防火。（ ）

22. 木地板涂刷对涂料的基本要求为装饰性好，具有相应的透明度，能显示木板的自然木纹、耐磨、容易修复。（ ）

23. 塑料是以合成树脂或天然树脂为主要基料，加入其他添加剂后，在一定的条件下经混炼、塑化成型，且在常温下能保持产品形状的材料。（ ）

24. 塑料地板是以合成树脂为原料，掺加各种填料和助剂混合后加工而成的地面装饰材料。（ ）

25. 塑料门窗是采用PVC树脂为基料加适量填料、稳定剂、润滑剂等助剂，经加工而成各种型材后，通过画线切割和焊接修正制门窗的产品。（ ）

26. 建筑装饰工程概（预）算，是指在执行工程建设程序过程中，根据不同的设计阶段设计文件、资料和国家规定的装饰预算定额，以及各种取费标准，预先计算和确定该项新

建、扩建、改建和重建工程中的装饰工程所需全部投资额的经济文件。（ ）

27. 建筑装饰工程概（预）算就是建筑装饰预算。（ ）

28. 工程造价就是指工程价格。（ ）

29. 单项工程是指具有独立的设计文件、竣工后可以独立发挥生产设计能力或效益的工程。（ ）

30. 定额的概念，简单讲是产品所需资源的规定的额度、数量。（ ）

31. 建筑装饰工程预算定额，是指在正常合理的施工条件下，用科学的方法与群众智慧相结合，制定为生产一定计量单位的质量合格的分项工程所必需的人工、材料和施工机械台班及价值货币表现的消耗数量标准。（ ）

32. 编制的装饰预算定额应体现技术先进、经济合理、反映社会平均水平和简明使用的原则。（ ）

33. 单位估价表是将预算定额中的人工、材料、台班数量以货币形式表示的单位价格。（ ）

34. 建筑装饰工程单位估价表一般由企业编制。（ ）

35. 单位估价表是在规定区域内施工的工程必须执行的，不得任意修改。（ ）

36. 建筑装饰工程费用中的直接费是指施工过程中消耗的构成工程实体和有助于工程形成的各项费用，包括人工费与材料费。（ ）

37. 间接费是指建筑装饰企业经营管理层为组织和管理建筑装饰工程施工所发生的各项费用。（ ）

38. 税金是指国家税法规定应计入建筑装饰工程造价内的营业税、城市维护建设税及教育费附加。（ ）

39. 建筑装饰工程量是指以自然计量单位或物理计量单位所表示的各分项计算之和的数量。（ ）

40. 建筑装饰工程预算的编制，只需有工程设计图纸和相应的定额即可。（ ）

41. 编制建筑装饰工程预算，除了相应的设计图纸和定额外，必须具备各个阶段的相应的条件。（ ）

42. 装饰工程质量的好坏，首先与图纸设计的质量有关。（ ）

43. 图样审查的内容为设计图样的规范化、设计规范使用、设计内容的正确与否。 (　　)

44. 必须全面审查建筑装饰设计、水电设备设计的图纸，并认真检查各种专业设计内容之间的关系。 (　　)

45. 地面工程的基本要求是耐磨、抗压性、不易起灰，有一定的刚度和耐久性；其次是面层的保温性具有一定弹性，脚感舒服；并满足有特殊用途的相应条件。 (　　)

46. 使用天然石材时，应注意石材的放射性问题。 (　　)

47. 木地板的基本要求是：木地板表面洁净，无沾污、磨痕、毛刺的现象，木搁栅安置牢固，木搁栅与地面基层同时做好防水、防腐处理，地板铺设无松动，行走时无明显响声。 (　　)

48. 抹灰类墙面工程质量的基本要求为：墙面清洁、接槎平顺、线角顺直、搭接牢固，无空鼓、脱层、爆灰和裂缝等缺陷。 (　　)

49. 墙面镶贴质量的基本要求为：镶贴应牢固，表面色泽基本一致，平整干净，无漏贴、错贴；墙面无空鼓，缝隙均匀，周边顺直，砖面无裂纹、无缺楞等现象，每面墙不宜有两列非整砖，非整砖的宽度不宜小于原砖的1/3。 (　　)

50. 设计时应结合考虑空间大小和业主个人爱好与家具陈设装饰的色彩匹配，选择合适的裱糊材料的品种、规格、色彩和图案花纹。 (　　)

51. 在空间高度不足的情况下，应该采用无吊顶的做法。 (　　)

52. 当空间高度不小于3 500 mm时就应做各种各样的吊顶来美化空间的造型。 (　　)

53. 吊顶中的设备设施与管线的荷载，在设计中必须考虑，以保证吊顶结构的安全。 (　　)

54. 室内给水管距地面500 mm左右在墙面开槽定水平管，纵向管走向按装饰设计的综合管线系统图操作。 (　　)

55. 排水管是无压力水管，设置管道时必须考虑管道的标高、走向、坡度等合理要求。 (　　)

56. 煤气管一般采用镀锌焊接钢管。 (　　)

57. 卫生间的三件套，一般是指浴缸、坐便器和台盆。 (　　)

58．按目前住宅装修电器施工的要求，一般都采用分线布置，为可持续发展创造条件。（　）

59．弱电设计时，应考虑到住宅内智能化发展，如办公室自动化系统、防盗报警系统、宽带与通信系统、消防灭火自动系统、家电自控系统、门窗光控温控系统等的设置问题。（　）

60．对灯具的施工质量情况，通过开灯观察检查就可。（　）

61．阳台的功能为：观望、室内外交流、采光、通风；从建筑造型和立面上看，阳台起到丰富形态和点缀立面效果的作用。（　）

62．对于内门，一般应选择木质材料制作，尤其是在居住建筑中，常常根据室内情况，采用木质门套和木门扇结合，容易形成亲切温和的环境气氛。（　）

63．对于装饰要求较高的外门，可以不设门框而将门扇直接安装在门洞的侧边。（　）

二、单项选择题（选择一个正确的答案，将相应的字母填入题内的括号中）

1．建筑装饰材料是建筑装饰装修工程的（　）基础。

A．物质　B．经济　C．技术　D．物质与技术

2．建筑装饰材料能美化建筑空间、保护建筑物，而且还能（　）使用的特种功能及室内环境的调节功能。

A．优化　B．保护　C．完善　D．装饰

3．（　）为无机装饰材料。

A．水泥　B．油漆　C．木材　D．合成树脂

4．（　）为复合材料。

A．胶合板　B．玻璃钢　C．木材　D．水泥

5．设计中选择装饰材料的主要原则为：材料的安全性、外观装饰性、功能性、（　）。

A．经济性　B．可购买性　C．业主的爱好性　D．施工方便性

6．设计中选择装饰材料的主要原则为：材料的（　）、材料的外观装饰性、材料的功能性、材料的经济性。

A. 安全性　　B. 保护性　　C. 危险性　　D. 有效性

7. 建筑装饰材料的发展趋势之一为：由天然材料向（　　）方向发展。

A. 符合建筑　　B. 人造材料　　C. 原始　　D. 友好型

8. 建筑装饰材料的发展趋势之一为：从单一功能向（　　）材料方向发展。

A. 多功能的装饰装修　　B. 标准化产品

C. 高级型　　D. 高价

9. 气硬性无机胶凝材料只能在（　　）中凝结、硬化产生强度，并继续发展和保持强度。

A. 水　　B. 空气　　C. 水或空气　　D. 高温

10. （　　）不是无机气硬性胶凝材料。

A. 石膏　　B. 石灰　　C. 砂浆　　D. 沥青

11. 建筑石膏硬化初期体积（　　）。

A. 收缩　　B. 不变　　C. 膨胀 2%　　D. 膨胀 1%

12. 石膏是一种（　　）材料。

A. 易燃　　B. 可燃　　C. 耐燃　　D. 不燃

13. 凡是由硅酸盐熟料加入适量石膏磨细制成的水泥称为（　　）水泥。

A. 硅酸盐　　B. 火山灰　　C. 矿渣　　D. 粉煤灰

14. 硅酸盐水泥的初凝时间（　　）45 min。

A. 不早于　　B. 等于　　C. 达到　　D. 早于

15. 纯净的大理石为（　　）。

A. 白色　　B. 简单色　　C. 黑色　　D. 红色花纹

16. 大理石抗风化的性能（　　）。

A. 较差　　B. 较好　　C. 较强　　D. 很弱

17. 花岗岩具有耐酸、耐腐、耐磨、抗冻、耐久的特性，但质脆、（　　）。

A. 耐水性差　　B. 耐火性差　　C. 吸水率高　　D. 抗压强度差

18. 装饰石材按材料中放射性比活度（　　）分为 A、B、C 三类。

A. 从小到大　　B. 从大到小　　C. 从高到低　　D. 从好到坏

19.（　　）人造石材是将天然石材的有关石粒、石粉和赤铁矿高岭土之类的特殊材料按一定比例共同混合后，采用半干法成型制坯，在1 000℃左右高温中焙烧而成的一种人造石材。

A. 水泥型　　B. 聚酯型　　C. 烧结型　　D. 微晶玻璃型

20.（　　）人造石材是以有机树脂为胶结剂，与天然碎石、石粉、颜料及少量助剂等原料配制搅拌成混合料，经成型、固化、脱模、烘干、抛光等主要工艺制成的人造石材。

A. 水泥型　　B. 聚酯型　　C. 烧结型　　D. 微晶玻璃型

21. 陶瓷砖根据材质和吸水率的不同，依次分为（　　）五种。

A. 瓷质砖、炻瓷砖、细炻砖、炻质砖、陶质砖

B. 瓷质砖、陶质砖、炻质砖、炻瓷砖、细炻砖

C. 陶质砖、炻质砖、瓷质砖、细炻砖、炻瓷砖

D. 炻质砖、细炻砖、炻瓷砖、瓷质砖、陶质砖

22. 陶瓷釉是指附着于陶瓷坯体（　　）形成一层连续的玻璃质层。

A. 表面　　B. 内部　　C. 外部　　D. 底部

23. 劈裂砖在（　　）劈离成两块砖。

A. 焙烧前　　B. 坯体时　　C. 焙烧后即刻　　D. 焙烧后使用前

24. 劈裂砖具有的最显著特点是（　　）。

A. 吸水率高　　B. 耐磨防滑　　C. 自然断口质感强　　D. 耐酸

25. 建筑琉璃饰品属于（　　）制品。

A. 陶质　　B. 瓷质　　C. 炻质　　D. 炻瓷

26. 建筑琉璃产品的质量水平分为（　　）等级。

A. 合格一个　　B. 优良、合格两个

C. 优良、一等、合格三个　　D. 优良、一等、二等、三等四个

27. 按木材的材种加工程度不同分为（　　）三类。

A. 针叶、阔叶、窄叶　　B. 原条、原木、板方材

C. 大方、中方、小方　　D. 薄板、中板、厚板

28. 木材板方材是指加工锯解的规格料，也称锯材，宽度不是厚度（　　）倍的叫

方材。

A. 2　　B. 3　　C. 4　　D. 5

29. 我国规定，（　　）的木材含水率称为木材标准含水率。

A. 10%　　B. 15%　　C. 20%　　D. 30%

30. 同一种木材，其力学性能中（　　）强度最大。

A. 顺纹抗压　　B. 横纹抗压　　C. 顺纹抗拉　　D. 横纹抗拉

31. 细木工板的芯板用（　　）拼接制成，上、下表面用木质单板或三夹板胶粘热压而成。

A. 纤维板　　B. 木条　　C. 木丝板　　D. 竹条

32. 软木地板是以（　　）为原料，经过压块、热固、切割等现代工艺技术，制成软木层，再加设相应的表面耐磨层及底层等。

A. 软木颗粒　　B. 木材碎屑　　C. 木条　　D. 纤维板

33. 玻璃在潮湿环境中与二氧化碳作用生成碳酸盐，在玻璃表面出现（　　）现象。

A. 发霉　　B. 光洁发亮　　C. 保护膜　　D. 隔离

34. 玻璃的抗压强度高、抗拉强度低，为典型的（　　）材料。

A. 脆性　　B. 硬性　　C. 耐火　　D. 耐水

35. （　　）不为一般意义上的装饰平板玻璃，并兼有安全保护的功能。

A. 磨砂玻璃　　B. 夹丝玻璃　　C. 压花玻璃　　D. 彩色玻璃板

36. 夹丝玻璃是将预热处理好的金属网或金属丝压入（　　）的玻璃中而制成的。

A. 加热到软化状态　　B. 固体状态

C. 两块复合板之间　　D. 中间

37. 中空玻璃具有良好的（　　）性能。

A. 装饰　　B. 保温隔热　　C. 隔音、防霜露　　D. 透视

38. 玻璃砖使用时不得（　　）。

A. 作承重墙　　B. 作非承重墙　　C. 作承重墙和切割　　D. 切割和砍截

39. 建筑涂料具有（　　）功能、保护功能、环境调节功能及其他功能。

A. 装饰　　B. 保温隔热　　C. 隔音阻声　　D. 反射光线

40. 建筑涂料的主要成膜材料为（　　）。

A. 基材　　B. 黏结剂　　C. 溶剂料　　D. 基料或黏结剂

41. 环氧树脂地面漆，是以（　　）为主要成膜物质，加入颜料、填料、增塑剂等，经过一定的工艺加工而成。

A. 环氧树脂　　B. 聚氨酯　　C. 硝化纤维　　D. 聚酯树脂

42. 一般情况下，墙面涂料（　　）用于地面涂刷。

A. 可以　　B. 不可以　　C. 偶尔可以　　D. 有时可以

43.（　　）是以硝化棉为主要成膜物质加适量合成树脂增塑剂、有机溶剂及其他助溶剂经配制加工而成的。

A. 硝基漆　　B. 酸酯树脂漆　　C. 聚氨酯漆　　D. 硅胶漆

44. 聚氨酯漆与基层的附着力强、固化温度幅度大，但含有（　　）物质。

A. 有益　　B. 有害　　C. 气味　　D. 气体

45. 以热塑性树脂为基料制成的塑料产品，加热到一定温度时（　　）可塑性。

A. 软化并有　　B. 硬化并没有　　C. 具有　　D. 软化并具有

46. 建筑塑料的耐热性差、易燃，燃烧的烟气（　　）。

A. 无毒　　B. 有毒　　C. 大多有毒　　D. 少量有毒

47. 硬聚氯乙烯（PVC－U）管道输送介质的温度不高于40℃，故为（　　）管。

A. 冷水　　B. 温水　　C. 热水　　D. 沸水

48. 塑复铜管是由内层紫铜管和外层（　　）聚乙烯保温层所组成。

A. 厚质　　B. 齿形高密度

C. 发泡高密度　　D. 齿形或发泡高密度

49. PVC塑钢门窗料属于（　　）材料。

A. 易燃　　B. 可燃　　C. 阻燃　　D. 不燃

50. 塑料门窗的抗老化、耐候性可以通过（　　）来提高。

A. 制作安装方法　　B. 组成配方的改进

C. 涂刷涂料　　D. 改变型材的形状

51. 采用两阶段设计的建设项目，必须编制（　　）。

A. 设计概算　　B. 施工图预算
C. 设计概算与施工图预算　　D. 合同预算

52. 建筑装饰工程概（预）算所确定的投资额实际上是建筑装饰工程的（　）。

A. 计算价格　　B. 法定价格　　C. 卖价　　D. 买价

53.（　）是指在设计开始阶段，由设计单位根据设计图样，预算定额、各项费用定额或取费标准有关资料，预先计算和确定建筑装饰工程费用的文件。

A. 投资结算　　B. 设计概算　　C. 施工图预算　　D. 施工预算

54.（　）是施工单位内部编制的一种预算，通过工料分析、预先计算和确定完成一个单位工程或其中的分部工程所需的人工、材料、机械台班消耗量及其相关费用的文件。

A. 投资估算　　B. 设计概算　　C. 施工图预算　　D. 施工预算

55. 工程造价包括工程的（　）、施工单位的利润、建设单位行政管理费等开支，及其他方面向建设单位收取的费用。

A. 实际价　　B. 时常价　　C. 建设单位利润　　D. 设计费用

56. 工程造价包括工程的实际价、（　）的利润、建设单位行政管理费等开支，及其他方面向建设单位收取的费用。

A. 建设单位　　B. 设计单位　　C. 施工单位　　D. 管理单位

57.（　）是指不能独立发挥生产能力或效益，但有独立设计的施工图，可以独立组织施工的工程。

A. 单项工程　　B. 单位工程　　C. 分部工程　　D. 分项工程

58.（　）是通过较为简单的施工过程就能完成，且可以用适当的计量单位加以计算的建筑安装工程产品。

A. 单项工程　　B. 单位工程　　C. 分部工程　　D. 分项工程

59. 定额反映了（　）社会条件下生产力的水平。

A. 所有　　B. 一定　　C. 各个　　D. 当代

60. 定额的产生和发展是与（　）密不可分的一个重要内容。

A. 管理科学的发展　　B. 个人的操作技能差异性
C. 各个单位的管理水平的好坏　　D. 自然科学的发展

61. 建筑装饰预算定额具有（　　）、法令性、稳定性和时效性。

A. 科学性　　B. 随意性　　C. 可变性　　D. 知识性

62. 建筑装饰工程定额具有科学性、法令性、稳定性和（　　）。

A. 时效性　　B. 知识性　　C. 可变性　　D. 随时性

63. 装饰工程预算定额中的人工消耗指标，包括基本用工、（　　）、辅助用工、人工幅度差等内容。

A. 运距用工　　B. 超运距用工　　C. 场外运输工　　D. 场内运输工

64. 装饰工程定额中的施工机械台班，是以每台班工作（　　）h 计算的。

A. 10　　B. 8　　C. 6　　D. 4

65. 单位估价表是以货币形式表现的分部分项工程和各结构构件的（　　）。

A. 造价　　B. 价值　　C. 单位价值　　D. 数量

66. 单位估价表是确定工程造价的（　　）依据。

A. 基本　　B. 唯一　　C. 参考　　D. 固定

67. 建筑装饰工程地区单位估价表，一般按（　　）编制。

A. 政府　　B. 地区　　C. 行业　　D. 企业

68. 地区建筑装饰单位估价表中的材料费，主要是根据地区建筑装饰工程预算定额和地区（　）编制的。

A. 工资标准　　B. 材料预算价格

C. 台班费用定额　　D. 材料实际购买价格

69. 单位估价表是在定额的基础上编制的，按工程定额的性质及其他编制依据的不同而有区别，故有（　　）的使用范围。

A. 广泛　　B. 相应　　C. 通用　　D. 全部

70. 按房屋修缮工程预算定额编制的单位估价表，（　　）于新建工程。

A. 可适用　　B. 部分适用　　C. 不能适用　　D. 参照适用

71. 建筑装饰工程费用中的人工费，是指（　　）从事建筑装饰工程施工的生产工人开支的各项费用。

A. 直接　　B. 间接　　C. 相应　　D. 直接和间接

72. 建筑装饰工程费用的机械费是指使用施工机械作业所发生的机械使用费，以及（　　）的费用。

A. 进出场　　B. 运输　　C. 安拆　　D. 安拆和进出场

73.（　　）不属于间接费的范围。

A. 施工操作人员的工资　　B. 管理人员的基本工资

C. 技术管理人员的差旅交通费　　D. 职工教育经费

74.（　　）不属于间接费的范围。

A. 脚手架使用费　　B. 企业支付离退休职工的退休金

C. 劳动保险费　　D. 技术开发费

75. 计划利润按（　　）确定相应的利润利率。

A. 单位不同性质　　B. 工程不同类别

C. 工程不同建造时期　　D. 工程不同建造地址

76. 建筑工程造价内的税金应包括（　　）。

A. 营业税　　B. 城市维护建设税

C. 教育费附加　　D. 营业税、城市维护建设税、教育费附加

77. 工程的计算主要依据是（　　）。

A. 施工方案　　B. 设计图样规定

C. 定额中规定工程量的计算规则　　D. 设计图纸、相应的工程量计算规则

78. 工程量计算规则是由（　　）所规定的。

A. 设计图纸　　B. 施工单位　　C. 建筑业主　　D. 相应定额

79. 对于材料预算价格，对于（　　）根据有关的规定，可以进行定额调整或换算。

A. 不同地区　　B. 不同时期

C. 不同对象　　D. 不同地区与不同时期

80. 编制装饰工程预算，应根据（　　）费用计算规则计算直接费、间接费、计划利润及税金等费用。

A. 国家　　B. 地区　　C. 企业　　D. 业主

81. 施工单位编制的建筑装饰工程施工组织设计或施工方案，必须经其有关部门

（　　）后，才可作为编制装饰工程预算的依据。

A．认可　　B．了解　　C．批准　　D．否定

82．装饰工程施工图预算的单位估价法，是根据各分部分项工程的工程量，按当地人工工资标准、材料预算价格及机械台班费等预算定额基价或地区单位估价表，计算预算定额直接费，并由此计算（　　）及其他费用，最后汇总得出整个工程造价的方法。

A．间接费　　B．计划利润

C．税金　　D．间接费、计划利润、税金

83．图纸、图样审查首先由（　　）进行。

A．设计人员　　B．设计负责人

C．施工监理人员　　D．施工方技术负责人

84．图纸交底是由（　　）组织的。

A．设计方　　B．施工方　　C．业主或施工监理方　　D．代理方

85．向施工单位交底的是（　　）设计的内容。

A．方案设计阶段　　B．技术设计阶段

C．施工图　　D．竣工图

86．施工图交底时的主要内容为（　　）。

A．介绍设计内容　　B．听取施工方的意见

C．回答与解决施工方提出的问题　　D．以上均是

87．每个技术交底会议必须有会议记录和（　　）。

A．会议签到名录　　B．会议地点

C．会议的召开时间　　D．出席会议的领导人员

88．对于给排水的外网接口、供电电源点，必须由业主（　　）指明。

A．口头　　B．电话　　C．现场　　D．通过其他途径

89．地面工程的用料必须使用（　　）产品或设计规定的产品。

A．优良　　B．合格　　C．处理　　D．便宜

90．地面工程的设置标高和面层坡度，必须达到（　　）的要求。

A．设计　　B．业主　　C．监理　　D．施工方

91. 地砖镶贴牢固，表面平整无积水，无漏贴错铺，（　　）空鼓的现象。

A. 不得有　B. 可有少量　C. 尽可能减少　D. 避免出现

92. 铺设厨房、卫生间地砖时应做好防水，与地漏结合处应（　）。

A. 平整一致　B. 不得积水　C. 严密抗渗漏　D. 流水顺畅

93. 木地板面层板料与墙面之间（　）。

A. 铺设紧密

B. 留 8 ~ 10 mm 的缝隙

C. 可留缝处理

D. 根据面层材料而设置留缝宽度

94. 木踢脚板固定在（　　）。

A. 墙脚上与地板上

B. 地板上

C. 相应的墙脚上

D. 地板与墙上均可以

95. 一般抹灰总厚度控制为（　　）mm 以下，当厚于此值时，应采取防止开裂的措施。

A. 5 ~ 7　B. 25　C. 30　D. 35

96. 一般抹灰类中用的黄砂应该使用（　）。

A. 特细砂　B. 细砂　C. 中砂　D. 中粗砂

97. 镶贴墙面面砖的施工温度（　）。

A. 不得低于 5℃

B. 不得低于 0℃

C. 应该在 15℃以上

D. 为 0 ~ 5℃

98. 在墙上做灰饼或冲筋，其目的是控制墙面找平层的（　）。

A. 平整度　B. 垂直度　C. 厚度　D. 平整度和垂直度

99. 裱糊饰面的黏结剂应具有较好的（　）性能，并具有一定的防霉作用。

A. 无毒、无刺激

B. 耐水、耐膨胀

C. 耐磨性

D. 无毒、无刺激味，耐火、耐膨胀

100. 壁布、壁纸的裱贴顺序为（　）。

A. 从下到上

B. 从左到右

C. 从上到下，从左到右

D. 从下到上，从右到左

101. 在墙面和顶棚顶面交界处，采用（　　）来进行点缀，使墙面到顶面得到柔性过渡。

A. 花饰　　B. 灯槽　　C. 角条线　　D. 局部吊顶

102. 平顶抹灰饰面（　　）抹灰层出现空鼓、开裂、脱落现象的发生。

A. 严禁　　B. 防止　　C. 不应　　D. 避免

103. 在设计和施工中，必须保证整个吊顶的（　　），确保整个平顶在使用中不坠落。

A. 测度与强度　　B. 整体性

C. 足够的强度和刚度　　D. 高度和平整度

104. 对于木龙骨吊顶的骨架，要进行（　　）处理。

A. 防火　　B. 防坠落　　C. 防腐　　D. 防潮

105. 吊顶中管线与管线之间的距离，管线设备与吊顶之间的固定，应该以（　　）来确定。

A. 使用方便　　B. 消防安全为主

C. 便于施工　　D. 经济省钱

106. 吊顶中管道走线时用桥架来固定，桥架用轻结构固定在（　　）上。

A. 墙或顶　　B. 大龙骨　　C. 小龙骨　　D. 吊顶面层

107. 冷热给水管安排为：上下平行时，上热下冷；垂直安装时（　　）。

A. 上热下冷　　B. 上冷下热　　C. 左热右冷　　D. 左冷右热

108. 给水管安装（　　）管道的走向、坡度等合理数据。

A. 不必考虑　　B. 必须考虑　　C. 可以考虑　　D. 视情况考虑

109. 排水管件接口要（　　），施工结束后吹洗试验须无渗漏，检查管内须无垃圾、杂物堵塞。

A. 倒插　　B. 顺插　　C. 倒顺插　　D. 固定

110. 排水管的标高设置和（　　）可以影响排水的顺畅程度。

A. 坡度的走向　　B. 坡度的走向和大小

C. 管径的大小　　D. 管材的品种

111. 使用管道煤气时，煤气灶应使用耐油耐压的连接软管，长度应（　　）。

A. 小于 1 000 mm　　B. 大于 1 000 mm

C．不大于2 000 mm　　D．大于2 000 mm

112．安装煤气管与给水管的水平距离应不小于1 000 mm，煤气管与排水管之间最小净距（　　）。

A．小于1 000 mm　　B．不小于1 000 mm

C．不小于1 500 mm　　D．为1 000～2 000 mm

113．坐便器安装时必须采用专用密封圈，与地面固定必须用不锈钢膨胀螺钉，固定后坐便器与地面接口处用（　　）封口。

A．防水防霉的密封胶　　B．水泥浆

C．水泥砂浆　　D．混合砂浆

114．台盆安装时控制好上口的平整度，使之稍向（　　）倾斜，以免使用时飞溅出的水溅湿衣服。

A．外　　B．里　　C．左　　D．右

115．对照明与插座来讲，应考虑空调电源插座、厨房电源插座、其他电源插座及照明电源，均应设计（　　）回路。

A．单独　　B．组合　　C．分组　　D．总体

116．综合布线时，（　　）直接埋设电线。

A．严禁不经穿管　　B．视情况

C．有时可以不穿管　　D．应该不穿管

117．对于弱电系统，装修布线时，应（　　），考虑周到合理，便于更换或扩展。

A．预留线路　　B．不留线路

C．视情况预留线路　　D．预留一个线路

118．工程竣工后应提供电气线路（　　）。

A．走向布置图　　B．实际系统图

C．控制图　　D．插座位置图

119．禁止穿拖鞋、光脚进入电气安装现场，高空作业穿软底鞋，（　　）在不上人吊顶上堆放材料。

A．可以　　B．尽量不　　C．不得　　D．短时期可以

120. 对于大型灯具的安装固定吊具，要用1.5倍荷载进行（　　），以免受力后下落。

A. 起吊试验　B. 设置吊筋吊钩　C. 安装　D. 固定

121. 对于室内设计来说，应该考虑阳台的（　　），并通过灯具与阳台顶的装饰变化，来美化阳台达到点缀立面的效果。

A. 基本结构　B. 布局　C. 基本功能　D. 面积使用效率

122. 对于不封闭阳台的装修，必须考虑到门窗关闭要密封安全、灯具要安全可靠、开关要（　　）、地面要有泛水处理。

A. 方便与防水　B. 方便顺手　C. 防水防潮　D. 灵活有效

123. 防盗门安装时，要考虑到室内外（　　），同时考虑到垂直度与平整度。

A. 安装高度　B. 地面标高的协调

C. 门的颜色　D. 门的开启方向

124. 用大理石铺贴窗台，则石材窗台两端收头（　　）。

A. 伸出20 mm　B. 嵌入墙内不小于20 mm

C. 缩进20 mm　D. 看齐窗套板

125. 铝合金门窗与墙体之间的缝隙，应用（　　）填嵌饱满，并采用防潮、防水的密封胶密封。

A. 水泥砂浆　B. 弹性材料　C. 木片　D. 混合砂浆

126. 木门窗安装的基本要求为：安装牢固、开关（　　）、关闭严密且无反弹和倒翘。

A. 方便　B. 灵活　C. 安全保险　D. 简单

装饰艺术及表现技法

一、判断题（将判断结果填入括号中。正确的填“√”，错误的填“×”）

1. 素描就是用简单的线条把物体和空间的关系表达出来。（　　）

2. 速写就是用较快的速度表现对象。（　　）

3. 平面构成的基本元素是点、线、面、块。（　　）

4. 平面构成的形式法则大体可以分为对称、非对称均衡、重复、节奏、对比构成、变

异构成、形式与内容等。 ( )

5．立体构成中的美观性是指物质结构的合理性。 ( )

6．在立体构成中主要解决整体与局部、尺度与空间、比例、节奏与韵律、对比与和谐、对光的利用及不同空间的组织逻辑等问题。 ( )

7．面在立体构成中是一种多功能的形态，既可以作围合的材料，又可以起分割空间的作用。 ( )

8．认识色彩的唯一媒介是人的视觉，但对于色彩的认识却并不单纯地依赖于视觉，而是需要凭借每一个人的知觉经验。 ( )

9．配置的色彩明度都很高，画面就很亮，这就是“高调”。 ( )

10．色彩调和是指适当地选择和组合色彩关系，使彼此之间通过对比相得益彰。 ( )

11．注视一个红色的物体，然后再看暗的地方，那块红色就会出现在暗处，这种现象就称为滞留后像或视觉残像。 ( )

12．水溶性彩铅是适宜于大面积单色表现的一种工具。 ( )

13．水彩表现技法主要有平涂、叠加和渲染等手法。 ( )

14．彩色铅笔表现效果图时用色面积不宜过大。 ( )

15．水彩效果图的渲染法就是指退晕法。 ( )

16．马克笔最大的特点是不透明、易修改。 ( )

17．马克笔在表现效果时可以先勾线后填色。 ( )

18．运用综合的手绘方法，应该按照各种表现的方法，扬长避短，彩色铅笔主要用于最后的修饰。 ( )

19．在综合的手绘表现中，水彩与水粉的结合，可以以水彩为主，水粉作修补、勾勒、提高光。 ( )

20．透视图是以三个假设的视觉点来表现对象的。 ( )

21．透视作图中的灭点是指画者眼睛的位置。 ( )

22．在透视图中，物体的透视大小与画面的远近无关。 ( )

23．平行透视属于一点透视。 ( )

24. 距点法透视作图中，距点至心点距离与视距相等。 （ ）

25. 矩形透视图形的两对角线的交点，即为该透视图形的中点和中线位置。 （ ）

26. 当方形物体的面都与画面平行时，这样的透视为余角透视。 （ ）

27. 在立方体的余角透视场景图中，立方体的三组不同方向的棱线都有一个灭点。 （ ）

28. 在立方体的余角平面作图中可知，分别连接目点与左余点和右余点连接线的夹角为任意角值。 （ ）

29. 圆的透视图形为椭圆。 （ ）

30. 八点法画圆面透视图形中的八点，是指圆外切正方形上的八个点。 （ ）

31. 椭圆的透视图形仍为椭圆。 （ ）

二、单项选择题（选择一个正确的答案，将相应的字母填入题内的括号中）

1. 素描就是用简单的线条把物体和（ ）表达出来。

A. 空间关系 B. 色彩关系 C. 图形关系 D. 造型关系

2. 素描就是用简单的（ ）把物体和空间关系表达出来。

A. 块面 B. 色彩 C. 线条 D. 点

3. 速写就是用（ ）的速度表现对象。

A. 一般 B. 较快 C. 较慢 D. 以上均是

4. 用较快的速度表现对象叫作（ ）。

A. 色彩 B. 素描 C. 速写 D. 雕塑

5. 平面构成的三大要素是点、线、（ ）。

A. 面 B. 块 C. 圆 D. 色彩

6. 下列不属于线的特性的是（ ）。

A. 位置 B. 边界 C. 方向 D. 流动感

7. 变异构成的主要变异方法有形式变异和（ ）。

A. 形象变异 B. 块面变异 C. 曲直变异 D. 色彩变异

8. 重复构成的两个关键因素是基本形和（ ）。

A. 节奏 B. 骨骼 C. 韵律 D. 重复

9. 立体构成的基本要素为（ ）。

A. 色彩 B. 材料 C. 圆 D. 块

10. （ ）在立体构成中是一种多功能的形态。

A. 块 B. 面 C. 线 D. 点

11. 规定了事物在空间中所占比例的是（ ）。

A. 尺度 B. 内容 C. 环境 D. 内涵

12. 尺度规定了事物在空间中所占的（ ）。

A. 区域 B. 大小 C. 数量 D. 比例

13. 立体构成的材料特性有很多方面，但主要有三个特性，即力学特性、（ ）、视觉特性。

A. 美学特性 B. 物理特性 C. 质量和加工特性 D. 光学特性

14. 立体构成所用的材料大致可分为（ ）类。

A. 两 B. 三 C. 四 D. 五

15. 光是一切物体颜色的来源，因此，人眼感觉到的颜色主要决定于光源的发射光谱及该物体对光波的（ ）。

A. 反射 B. 发射 C. 透射 D. 漫射

16. 决定物体轻重与软硬的因素是色彩的（ ）。

A. 色相 B. 明度 C. 纯度 D. 对比

17. 对比色彩互补时，两色的纯度（ ）。

A. 减弱 B. 提高

C. 一方更纯一方更弱 D. 一方不变一方更弱

18. 明暗跨度在1～3个明度等级称为（ ）。

A. 高调 B. 低调 C. 短调 D. 长调

19. 色彩的组合有多种方法，可以分为加色组合与（ ）。

A. 同色组合 B. 减色组合 C. 异色组合 D. 对比色组合

20. 两块色彩相接，面积相差悬殊时，小面积的色彩将（ ）。

A. 更鲜艳夺目 B. 被引导向大面积色彩

C. 各自保持原状　　D. 影响大面积色彩的效果

21. （　）是所有色彩中视觉感觉最强烈和最有生气的颜色。

A. 白色　　B. 红色　　C. 黑色　　D. 彩色

22. 色彩可使人感觉进退、凹凸、远近的不同，一般（　）具有前进的效果。

A. 冷色系　　B. 中间色系　　C. 暖色系　　D. 黑白色系

23. 使彩色铅笔绘制画面明度与纯度发生变化的主要方法是颜色叠加与（　）。

A. 改变用笔力度　　B. 加黑色

C. 加白色　　D. 改变用笔方向

24. （　）是彩色铅笔的主要特性。

A. 处理细部　　B. 突出局部　　C. 体现明暗调子　　D. 色彩饱和

25. 水彩效果图的渲染要"守线"，"守线"是指（　）。

A. 先勾线　　B. 后勾线

C. 色彩涂到形的边线　　D. 不必勾勒线条

26. 退晕的表现技法，在叠色前应在前色（　）时才叠加。

A. 已干　　B. 基本干　　C. 未干　　D. 刚画完

27. 要用马克笔绘出均匀的色彩，应在上一笔（　）时接画下一笔。

A. 稍微收干　　B. 刚画完　　C. 干透　　D. 半干时

28. （　）是马克笔最大的缺点。

A. 大面积平涂　　B. 色彩饱和　　C. 速度快　　D. 体现明暗调子

29. 马克笔的颜色透明，因此在着色时应（　）或逐步加深。

A. 先浅后深　　B. 先深后浅　　C. 随便上色　　D. 先勾黑线

30. 色彩线条并列，有规律地组织线条，产生面的效果是（　）方法。

A. 交叠　　B. 染线　　C. 排笔　　D. 留白

31. 综合技法在使用工具时应（　）。

A. 扬长避短　　B. 全部运用

C. 用彩色铅笔做最后修饰　　D. 用马克笔上大块色彩

32. 运用综合的手绘方法，应该按照各种表现的方法，扬长避短，（　）主要用于最后的修饰。

A. 铅笔　　B. 水彩笔　　C. 彩色铅笔　　D. 马克笔

33. 在综合的色彩工具中，（　　）是一种修补工具和较大面积平涂的材料，可以用来勾线也可以用来画室内的绿色植物。

A. 彩色铅笔　　B. 水彩　　C. 水粉　　D. 马克笔

34. 要想使绿色变灰应先上一层（　　）。

A. 淡粉红色　　B. 白色　　C. 黑色　　D. 紫色

35. 透视图构成的三要素为画面、物体、（　　）。

A. 视线　　B. 视平面　　C. 视觉点　　D. 视锥

36. 透视图构成的三要素为（　　）、物体、视觉点。

A. 画面　　B. 视线　　C. 视角　　D. 视距

37. 透视作图中的目的到画面的距离叫作（　　）。

A. 视域　　B. 视角　　C. 视距　　D. 视区

38. 与画面相互平行的平行线，在透视图中（　　）。

A. 仍平行　　B. 相互交错　　C. 弯曲变形　　D. 消失于同一点

39. 正常视域为一圆锥空间，其锥角为（　　）。

A. 30°　　B. 45°　　C. 60°　　D. 90°

40. 视平线的高低与表现物体的（　　）有关。

A. 高度　　B. 长度

C. 宽度　　D. 透视面的大小宽广

41. 平行透视是指被透视立方体的（　　）个面平行于画面。

A. 1　　B. 2　　C. 3　　D. 4

42. 平行透视是指被透视立方体的三组边线（　　）灭点。

A. 没有　　B. 有一个　　C. 有两个　　D. 可能有

43. 距点法透视作图中用距点的（　　）确定透视深度。

A. 大小　　B. 位置　　C. 方向　　D. 长度

44. 距点法透视作图的构图中，距点（　　）近于视图半径进入画框以内。

A. 应　　B. 可以　　C. 基本　　D. 不应

45. 矩形透视图形的对角线求中，可以（　　）等分此图形。

A. 三　　B. 四　　C. 五　　D. 六

46. 对于透视变线的等分，是根据（　　）的等分法则来作图而实现的。

A. 垂直线　　B. 水平线　　C. 平行线　　D. 相交线

47. 在余角透视中，三组方向线段只有垂直线仍为原线，没有（　　），保持垂直。

A. 原点　　B. 交点　　C. 灭点　　D. 基点

48. 在余角透视中，三组方向线段只有（　　）仍为原线，没有灭点，保持垂直。

A. 水平线　　B. 垂直线　　C. 斜交线　　D. 对角线

49. 在立方体的余角透视场景图中，立方体的水平面消失在（　　）上。

A. 地平线　　B. 过左余点的垂线

C. 过右余点的垂线　　D. 垂直线

50. 在立方体的余角透视场景图中，立方体的右竖立面消失在（　　）上。

A. 地平线　　B. 过左余点的垂线

C. 过右余点的垂线　　D. 垂直线

51. 余角透视作图中，左右两测点的位置由左右灭点为圆心并到（　　）的距离为半径作弧交地平线而定。

A. 心点　　B. 目点　　C. 中点　　D. 距点

52. 余角透视作图中，左右两测点的位置由左右灭点为圆心并到目点的距离为半径作弧交（　　）而定。

A. 地平线　　B. 水平线　　C. 视线　　D. 垂直线

53. 在视平线上圆的透视图形为（　　）。

A. 圆　　B. 椭圆　　C. 近似椭圆　　D. 线段

54. 在过心点与目点竖直面上圆的透视图形为（　　）。

A. 圆　　B. 椭圆　　C. 近似椭圆　　D. 线段

55. 八点法圆面透视作图中，应先画出圆的（　　）。

A. 正方形　　B. 外切正方形　　C. 三角形　　D. 平行四边形

56. 八点法圆面透视作图中，应作出外切正方形的（　　）与圆的四个交点。

A. 对角线　　B. 中心线　　C. 弦线　　D. 平分线

57. 椭圆透视作图中，应找出椭圆（　　）的四个切点。

A. 外切正方形　　B. 外切矩形　　C. 外切三角形　　D. 矩形

58. 椭圆透视作图中，弧线与外切矩形对角线交点位置可以作（　　）开而定出。

A. 四六　　B. 五五　　C. 三七　　D. 二八

59. 要想使彩色铅笔细腻柔和应选用（　　）纸面。

A. 光滑　　B. 粗糙　　C. 艺术　　D. 以上均可

60. 附着力强，有优越的不褪色性能，即使涂擦也不会使线条模糊的是（　　）工具。

A. 蜡基质铅笔　　B. 水溶性铅笔　　C. 铅笔　　D. 马克笔

61. 运用退晕的表现技法，应在叠色前让前色（　　）时才叠加。

A. 已干　　B. 基本干　　C. 未干　　D. 刚画完

62. 局部处理和较为粗糙的质地应用（　　）处理。

A. 笔触法和退晕法　　B. 笔触法

C. 退晕法　　D. 干画法

建筑与室内设计制图

一、判断题（将判断结果填入括号中。正确的填“√”，错误的填“×”）

1. 绘图板的板面要平整，板的四周边框要挺直，相邻的两个边框可以不必相互垂直。（　　）

2. 绘制图样时应采用不同的线形和线宽来代表不同的意义。（　　）

3. 通过比例尺可以直接量取对应物的实际尺寸。（　　）

4. 定位轴线就是构件的中心线。（　　）

5. 建筑平面图反映建筑的垂直布局情况。（　　）

6. 建筑立面图反映建筑外观的布局情况。（　　）

7. 用假想的一个或一个以上的侧平面垂直于地面剖切房屋所得到的投影图称为建筑剖

面图。（　）

8．建筑详图一般都是表达建筑细部构造的具体做法和施工要求。（　）

9．建筑标准图是建筑标准设计和标准做法的图样。（　）

10．图纸的设计说明由设计人员编制。（　）

11．方案设计是满足有关主管部门、业主（或客户）的招标评审要求而作的设计工作。（　）

12．方案设计的平面布置图侧重表达各个空间的室内平面布置，以及室内地面的做法和用料等。（　）

13．镜像投影是以假象的水平剖切面为镜面，画出镜面上的倒影图像而得出的。（　）

14．同一空间的各向墙面的装饰立面图应尽量画在一起。（　）

15．装饰施工平面图和装饰方案平面图的图面内容深度相同。（　）

16．装饰施工平顶布置图和装饰方案平顶布置图的图面内容应一致。（　）

17．装饰施工室内立面图是深化装饰方案设计而得的图形。（　）

18．装修详图有平、立、剖大样，必须按平面、立面、剖面图的制图规范来绘制。（　）

19．由设计人员确定使用装修标准图案的名称和具体的内容。（　）

20．室内装饰施工图中的设计说明，主要说明方案的设计理念与方案的特点。（　）

21．在AutoCAD中，阵列操作有环形阵列和矩形阵列两种方式。（　）

22．在建筑和室内方面，AutoCAD的主要功能在于建模。（　）

23．在AutoCAD绘图软件中进行图形打印，一般只要在命令行输入PLOT。（　）

二、单项选择题（选择一个正确的答案，将相应的字母填入题内的括号中）

1．丁字尺只能靠在绘图板的（　）边使用，不能在其他侧边使用。

A．上　　B．下　　C．左　　D．右

2．丁字尺和三角板配合使用，可以直接画出（　）倍角的倾斜线。

A．10°　　B．15°　　C．25°　　D．70°

3．制图中所用的长仿宋体汉字，字高和字宽的关系应为（　）。

A. 1∶0.5　　B. 1∶1　　C. 1.414∶1　　D. 1.5∶1

4. 制图中长仿宋体字间距约为字高的（　）。

A. 1/2　　B. 1/3　　C. 1/4　　D. 1/5

5. 当采用 1∶50 的比例时，1 500 mm 长的实物在图面上实际上为（　）mm。

A. 150　　B. 15　　C. 50　　D. 30

6. 施工中的尺寸，应以（　）尺寸为依据。

A. 比例尺量得　　B. 图形标注

C. 比例尺量得或图形标注　　D. 自定

7. 索引符号由直径为（　）mm 的圆和水平直径及引出线组成。

A. 5　　B. 10　　C. 15　　D. 20

8. 室内立面索引符号应由直径为（　）mm 的圆形及注视方向等腰直角深色图形组成。

A. 5　　B. 10　　C. 15　　D. 20

9. 建筑平面图根据设计阶段不同分为（　）、扩初图和施工图。

A. 设想图　　B. 方案图　　C. 修正图　　D. 竣工图

10. 建筑平面图根据设计阶段不同分为方案图、扩初图和（　）。

A. 翻样图　　B. 施工图　　C. 修改图　　D. 竣工图

11. 建筑施工立面图必须标注（　）道尺寸。

A. 一　　B. 二　　C. 三　　D. 四

12. 建筑施工立面图的第（　）道尺寸表示各楼层与地面之间的层高尺寸。

A. 一　　B. 二　　C. 三　　D. 四

13. 建筑剖面图用来表达建筑物内部（　）、分层情况、各层高度及各部位的相互关系。

A. 主要结构和构造方式　　B. 主要结构

C. 构造方式　　D. 承重方式

14. 建筑剖面图选用的比例通常与（　）一致。

A. 平面图　　B. 立面图

C. 详图　　D. 平面图、立面图

15. 楼梯施工（　　）图应该反映建筑的层次、楼梯梯段数、步级数、楼梯的结构形式，以及梯段、平台、栏杆、扶手等之间的关系。

A. 平面　　B. 立面　　C. 剖面　　D. 大样

16. 建筑详图可以理解为建筑平面、立面、剖面图的（　　）图。

A. 整体放大　　B. 整体缩小

C. 局部放大　　D. 局部缩小

17. 标准图具有（　　）的特点。

A. 通用性强　　B. 科学性高

C. 经济性好　　D. 简易化

18. 国家有关行业部门编制的标准图，各单位根据设计规定（　　）使用。

A. 可以自由　　B. 购买专利后可以

C. 获得编制单位同意后可以　　D. 不可以

19.（　　）的设计说明主要表达设计的理论、方案的特点等内容。

A. 方案图　　B. 施工图　　C. 修改图　　D. 竣工图

20.（　　）的设计说明主要说明图样无法表明的设计内容。

A. 方案图　　B. 施工图

C. 修改图　　D. 大样带点详图设计

21. 方案设计的主要依据是（　　）。

A. 设计任务书　　B. 周围环境情况

C. 设计者的思路　　D. 当地材料与设备的供应情况

22. 通过方案设计所提供的（　　），可以作为项目投资的依据。

A. 估算　　B. 概算

C. 施工图预算　　D. 结算或概算

23. 装饰方案设计中的平面布置图，（　　）平面的轴线尺寸或开间、进深尺寸。

A. 应有　　B. 必须有

C. 不必有　　D. 任意标有

24. 装饰方案设计中的平面布置图，（　　）标明各空间地面标高。

A. 要　　B. 可　　C. 不必　　D. 随意

25. 装饰方案设计中的平顶布置图，（　　）各空间的轴线或开间、进深尺寸。

A. 应有　　B. 必须有

C. 不必有　　D. 任意标明

26. 装饰方案设计中的平顶布置图，（　　）表达平顶的造型，注明其材料名称及标高关系。

A. 应　　B. 须　　C. 不必　　D. 随意

27. 方案设计中的室内装饰立面图中，对于一般活动家具（　　）。

A. 可以不画　　B. 必须画出

C. 不可画出　　D. 有时间就画出

28. 装饰方案设计中的室内立面图，（　　）注明墙面的材料。

A. 应　　B. 须　　C. 不必　　D. 根据具体情况

29. 在装饰施工平面图中，地坪的标高、用料名称、铺贴方式（　　）标明。

A. 必须　　B. 应　　C. 不必　　D. 部分

30. 在装饰施工地面装修图中，活动家具与活动设施的布置（　　）标明。

A. 必须　　B. 应　　C. 不必　　D. 部分

31. 装饰施工平顶平面图中，（　　）标注装修材料的规格与色彩。

A. 不必　　B. 应　　C. 必须　　D. 任意

32. 装饰施工吊顶平面图中，必须标明吊顶的用料、（　　）、相关尺寸及标高。

A. 构造做法　　B. 构造尺寸　　C. 层高　　D. 固定方式

33. 装饰施工室内立面图中的墙面装修，应标明构造做法、用料的（　　）、相关尺寸和标高。

A. 名称　　B. 规格

C. 色彩　　D. 名称、规格、色彩

34. 附设于墙面上的固定家具在装饰施工室内立面图上须标注其相关的尺寸、标高和（　　）。

A．大样编号　　B．详图索引
C．对称线　　D．剖切位置

35．节点详图一般采用（　　）绘制。
A．小比例　　B．大比例
C．变形比例　　D．扩大比例

36．使用详图索引符号和编号来反映详图的（　　）。
A．大小　　B．名称和位置　　C．位置　　D．尺寸

37．装修标准图的编制必须达到（　　）相应的规范要求。
A．单位　　B．地方　　C．个人　　D．国家

38．标准设计具有（　　）的特点。
A．经济性　　B．通用性
C．科学性　　D．经济性、科学性、通用性

39．室内装饰施工图的设计总说明，有时称为（　　）。
A．设计总说明　　B．施工总说明
C．施工说明　　D．施工要求

40．室内装饰施工图中的设计说明，主要体现了（　　）。
A．设计要求　　B．施工要求
C．构造做法　　D．管理目标

41．在AutoCAD中，命令输入方式有四种，分别是AutoCAD菜单、（　　）、快捷菜单和命令行。
A．菜单栏　　B．工具栏
C．状态栏　　D．命令栏

42．在AutoCAD中，交叉窗口选择方式的操作方法为（　　）选择。
A．自上而下　　B．自右而左
C．自左向右　　D．自下而上

43．在建筑和室内方面，AutoCAD的主要功能在于（　　）。
A．绘制平面、立面、剖面方案图　　B．建模

C. 效果图后期处理　　D. 渲染

44. 用 AutoCAD 绘制室内装饰大样图的比例通常选用（　　）。

A. 1∶100　　B. 1∶10　　C. 1∶50　　D. 1∶500

45. 将 AutoCAD 生成的图形文件 DWG 变成图纸的方法是（　　）。

A. 渲染　　B. 打印　　C. 复印　　D. 着色

46. 修改对象的打印样式，就能替代对象原有的颜色、线型和（　　）。

A. 图形　　B. 样式　　C. 线宽　　D. 图纸

第4部分

操作技能复习题

室内装饰设计方案绘图

一、手工抄绘居住建筑室内装饰设计方案图纸1（试题代码①：1.1.1；考核时间：180 min）

1．试题单

（1）操作条件

1）教室课桌椅，每名考生一套独立课桌椅。

2）绘图板、鉴定用纸、丁字尺（由鉴定单位准备）。

3）绘图水笔、绘图模板、三角尺、比例尺、橡皮、针管笔、铅笔（考生自备）。

（2）操作内容。根据给出的房型图（见附图1.1.1）按比例抄绘平面布置图（1∶50）、顶面布置图（1∶50）、主要立面图（1∶20）。

（3）操作要求

1）根据JGJ/T 244—2011《房屋建筑室内装饰装修制图标准》要求绘制。

2）按照给定的室内装饰设计方案中图形样例的尺寸进行抄绘。

3）该住宅房型尺寸以图中标注为准，未标注尺寸请按比例确定。

---

① 试题代码表示该试题在操作技能考核方案表格中的所属位置。左起第一位表示项目号，第二位表示单元号，第三位表示在该项目、单元下的第几个试题。

附图1.1.1

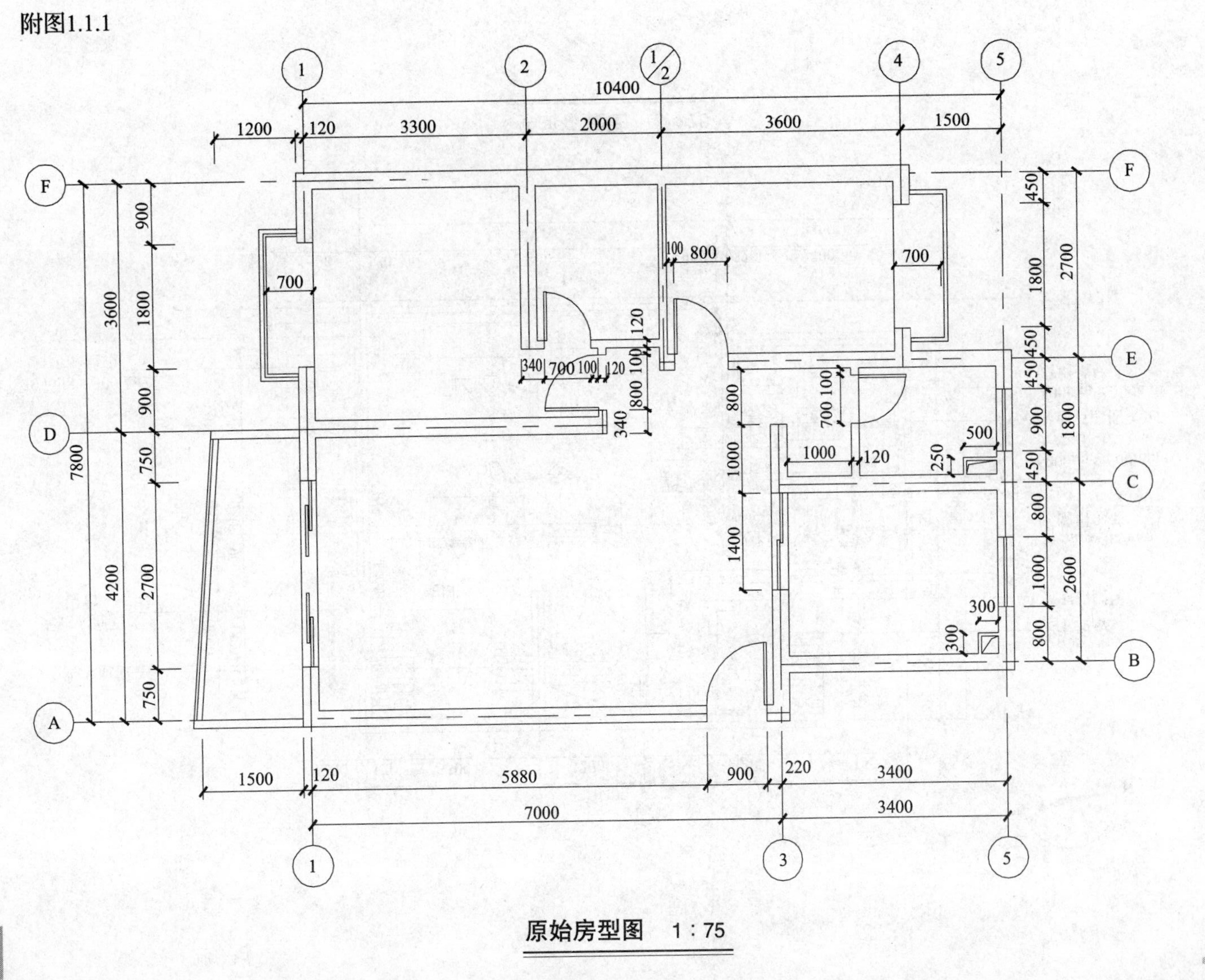

原始房型图　1：75

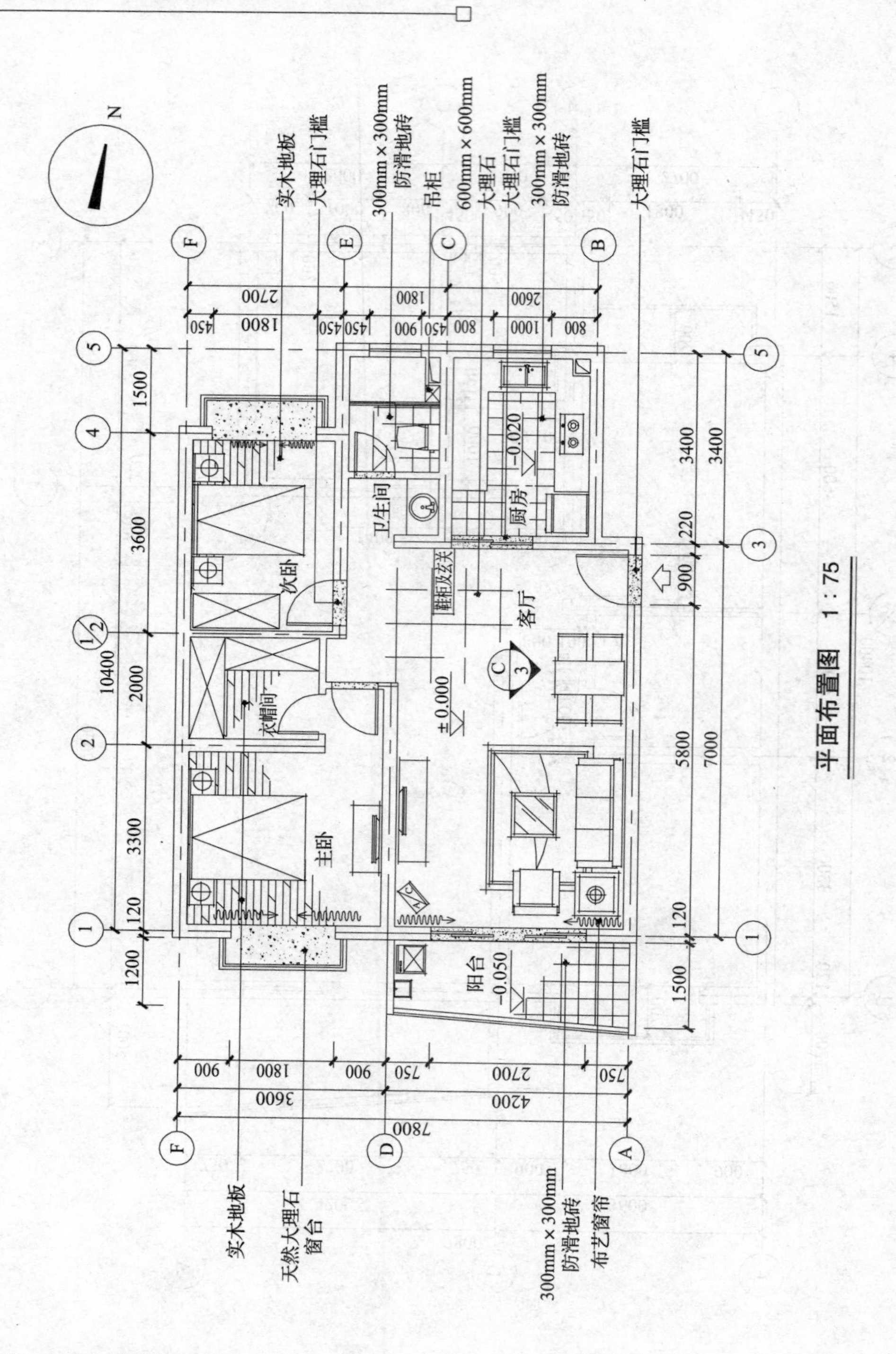
N
实木地板
大理石门槛
300mm×300mm
防滑地砖
吊柜
600mm×600mm
大理石
大理石门槛
300mm×300mm
防滑地砖
大理石门槛
卫生间
厨房
-0.020
次卧
衣帽间
主卧
客厅
±0.000
阳台
-0.050
实木地板
天然大理石
窗台
300mm×300mm
防滑地砖
布艺窗帘
10400
5800
7000
7800
3600
4200

平面布置图 1∶75

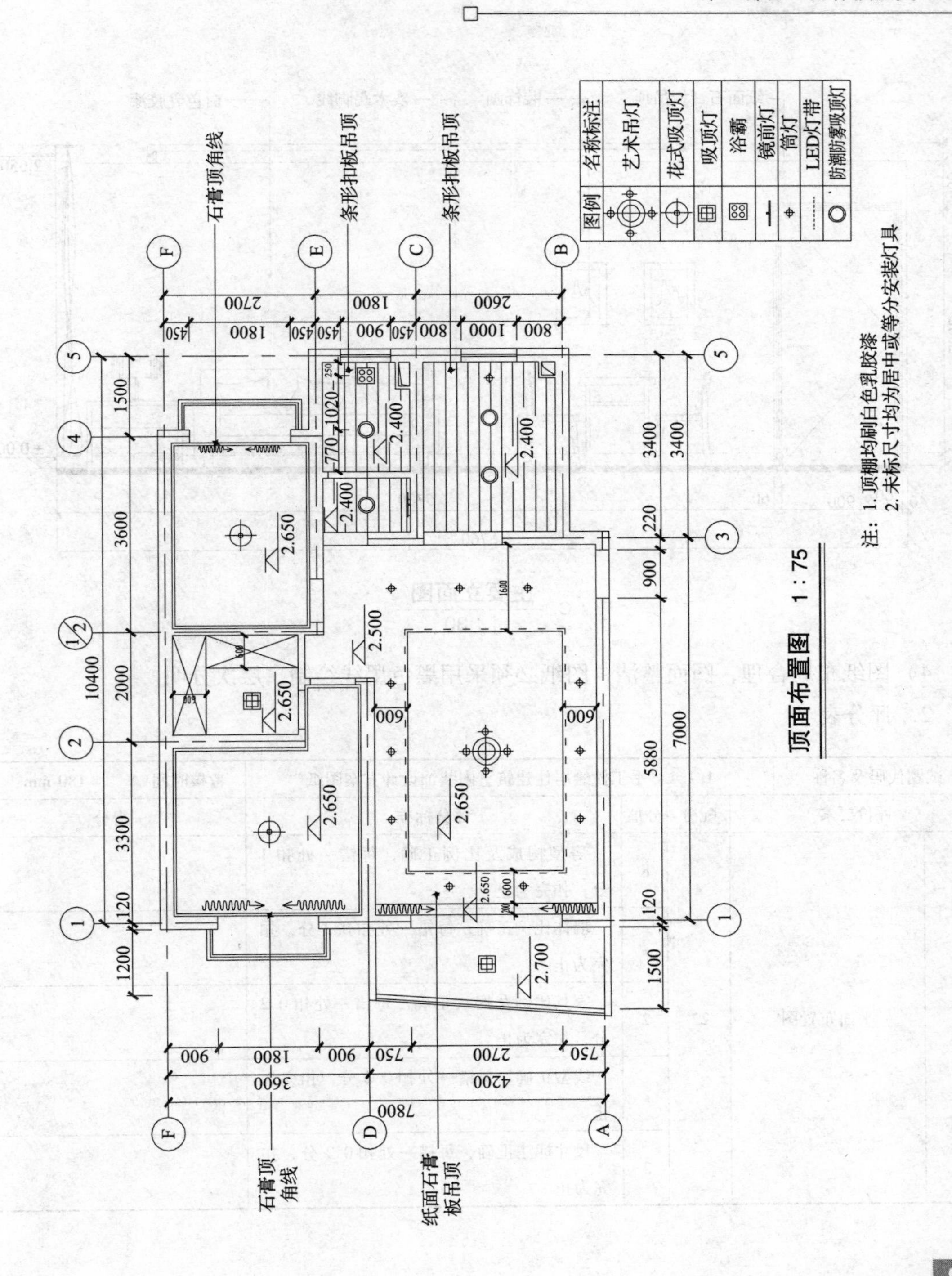
石膏顶角线
条形扣板吊顶
条形扣板吊顶
石膏顶角线
纸面石膏板吊顶
图例
名称标注
艺术吊灯
花式吸顶灯
吸顶灯
浴霸
镜前灯
筒灯
LED灯带
防潮防雾吸顶灯
注：1. 顶棚均刷白色乳胶漆
2. 未标尺寸均为居中或等分安装灯具
顶面布置图　1：75

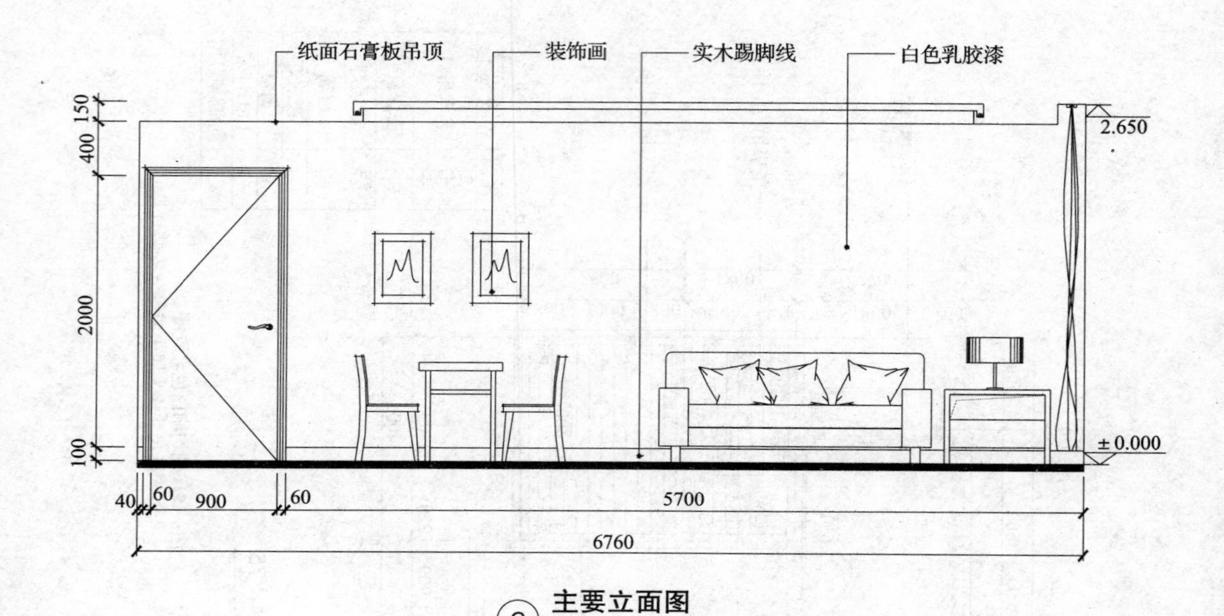

Ⓒ 主要立面图
1：30

4）图纸布局合理，图面整洁，图纸必须采用黑色墨线绘制，层次分明。

2．评分表

试题代码及名称		1.1.1 手工抄绘居住建筑室内装饰设计方案图纸			考核时间	180 min
评价要素		配分	分值	评分标准	得分	
1	平面布置图	22	8	房型构成及比例正确，每错一处扣1分，扣完为止		
			2	墙体比例正确，每错一处扣0.2分，扣完为止		
			2	家具比例及摆放正确，每错一处扣0.2分，扣完为止		
			2	线型正确，每错一处扣0.2分，扣完为止		
			2	尺寸标注正确，每错一处扣0.2分，扣完为止		

续表

试题代码及名称		1.1.1　手工抄绘居住建筑室内装饰设计方案图纸			考核时间	180 min
评价要素		配分	分值	评分标准	得分	
1	平面布置图	22	2	地面材质标注正确，每错一处扣 0.2 分，扣完为止		
			2	文字标注正确，每错一处扣 0.2 分，扣完为止		
			2	符号标注正确，每错一处扣 0.2 分，扣完为止		
2	顶面布置图	16	4	房型构成及比例正确，每错一处扣 1 分，扣完为止		
			2	墙体比例正确，每错一处扣 0.2 分，扣完为止		
			2	灯具图例正确，每错一处扣 0.2 分，扣完为止		
			2	线型正确，每错一处扣 0.2 分，扣完为止		
			2	尺寸标注及标高标注正确，每错一处扣 0.2 分，扣完为止		
			4	吊顶画法及顶面布置正确，每错一处扣 0.5 分，扣完为止		
3	主要立面图	8	4	立面与平面位置对应、比例正确，每错一处扣 1 分，扣完为止		
			2	线型及尺寸标注正确，每错一处扣 0.2 分，扣完为止		
			2	家具样式及比例正确，每错一处扣 0.2 分，扣完为止		
4	总体效果	4	2	画法老练，每错一处扣 0.5 分，扣完为止		
			2	整体美观，每错一处扣 0.5 分，扣完为止		
合计配分		50	合计得分			

二、手工抄绘居住建筑室内装饰设计方案图纸2（试题代码：1.1.2；考核时间：180 min）

1．试题单

（1）操作条件

1）教室课桌椅，每名考生一套独立课桌椅。

2）绘图板、鉴定用纸、丁字尺（由鉴定单位准备）。

3）绘图水笔、绘图模板、三角尺、比例尺、橡皮、针管笔、铅笔（考生自备）。

（2）操作内容。根据给出的房型图（见附图1.1.2）按比例抄绘平面布置图（1∶50）、顶面布置图（1∶50）、主要立面图（1∶20）。

（3）操作要求

1）根据JGJ/T 244—2011《房屋建筑室内装饰装修制图标准》要求绘制。

2）按照给定的室内装饰设计方案中图形样例的尺寸进行抄绘。

3）该住宅房型尺寸以图中标注为准，未标注尺寸请按比例确定。

4）图纸布局合理，图面整洁，图纸必须采用黑色墨线绘制，层次分明。

2．评分表

同上题。

三、手工抄绘居住建筑室内装饰设计方案图纸3（试题代码：1.1.3；考核时间：180 min）

1．试题单

（1）操作条件

1）教室课桌椅，每名考生一套独立课桌椅。

2）绘图板、鉴定用纸、丁字尺（由鉴定单位准备）。

3）绘图水笔、绘图模板、三角尺、比例尺、橡皮、针管笔、铅笔（考生自备）。

（2）操作内容。根据给出的房型图（见附图1.1.3）按比例抄绘平面布置图（1∶50）、顶面布置图（1∶50）、主要立面图（1∶20）。

附图1.1.2

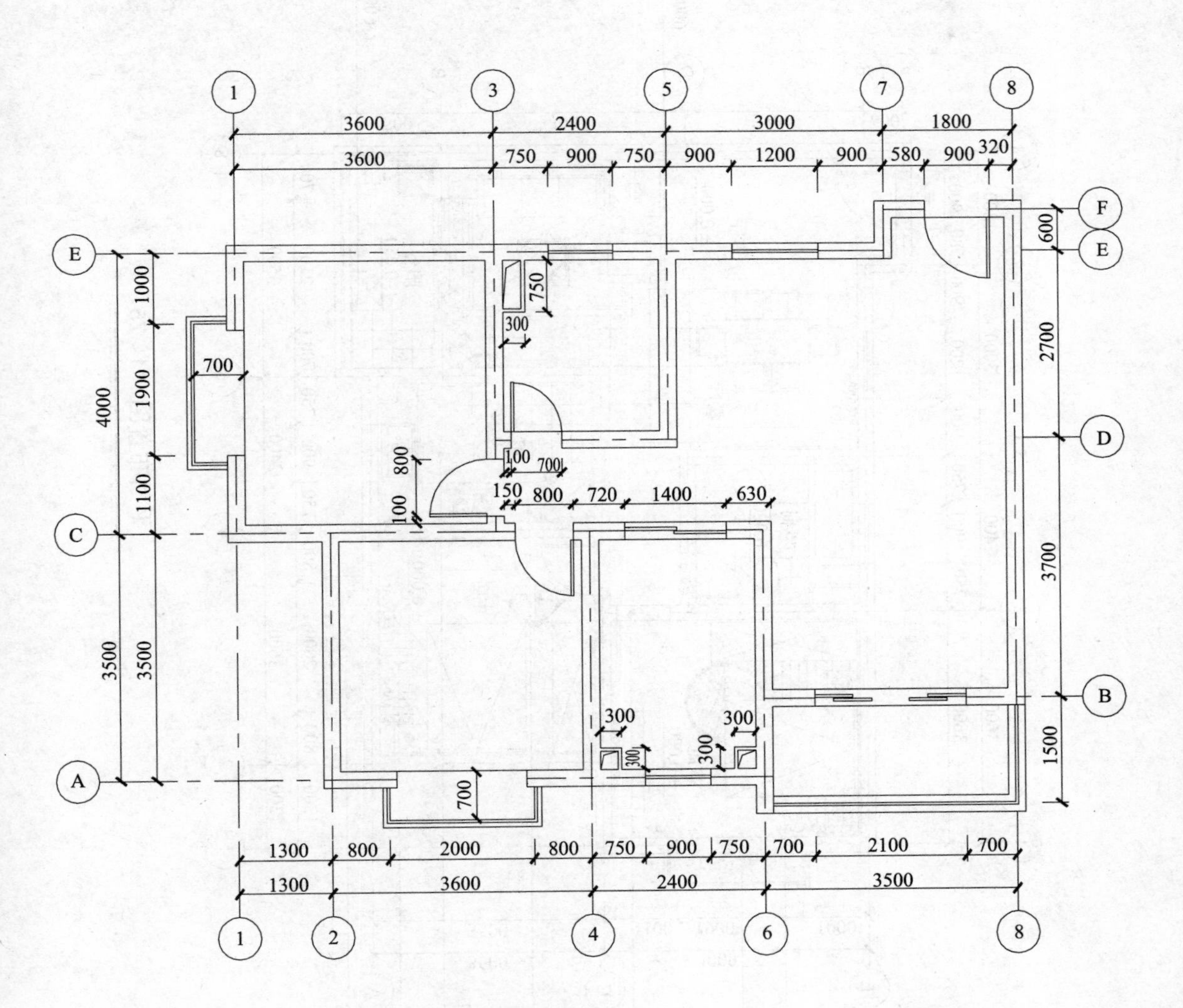

原始房型图　1：75

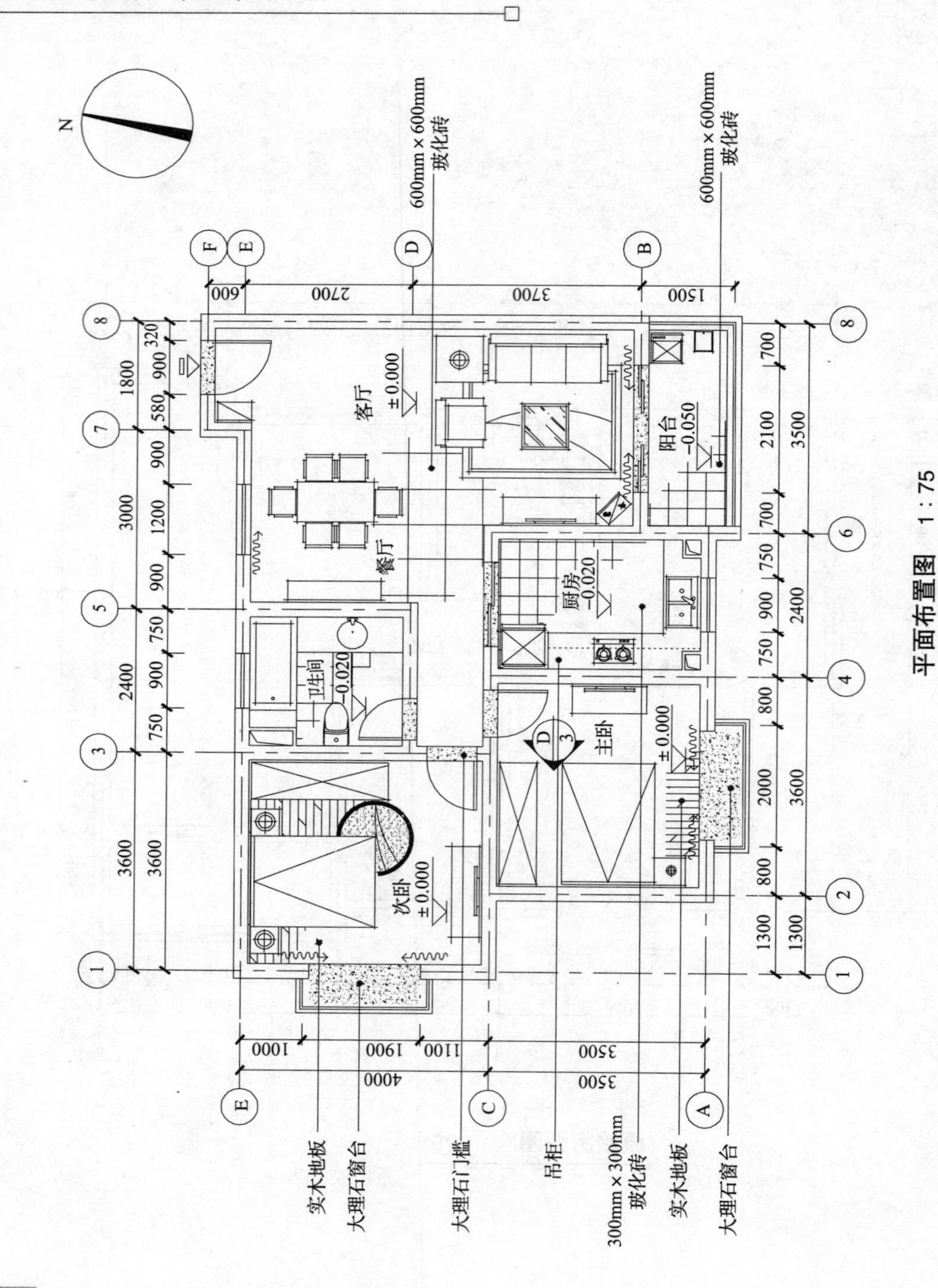

客厅
±0.000
餐厅
卫生间
-0.020
次卧
±0.000
厨房
-0.020
主卧
±0.000
阳台
-0.050
600mm×600mm
玻化砖
300mm×300mm
玻化砖
实木地板
大理石窗台
大理石门槛
吊柜

平面布置图 1∶75

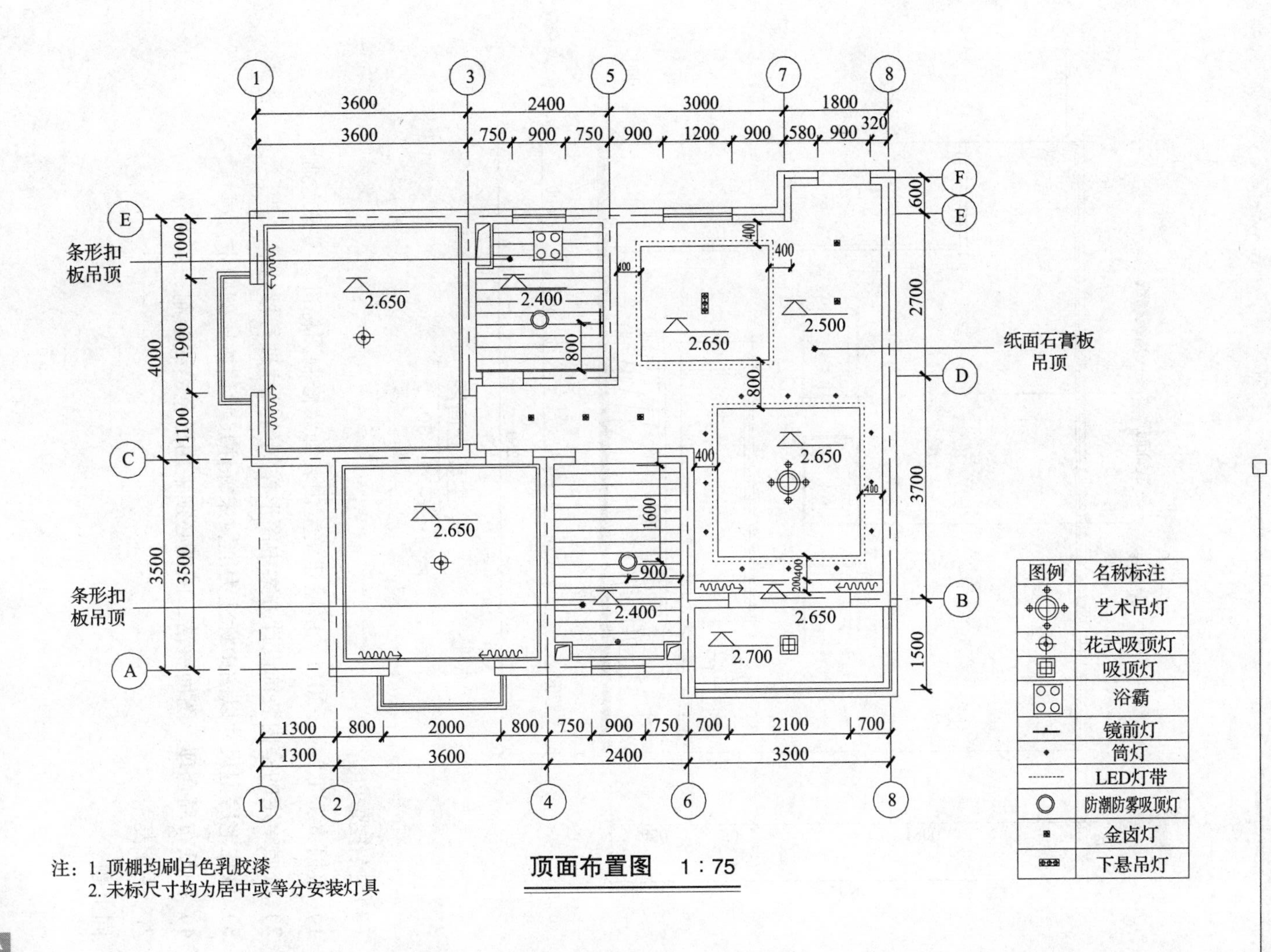
条形扣板吊顶
纸面石膏板吊顶
条形扣板吊顶
图例
名称标注
艺术吊灯
花式吸顶灯
吸顶灯
浴霸
镜前灯
筒灯
LED灯带
防潮防雾吸顶灯
金卤灯
下悬吊灯
注：1. 顶棚均刷白色乳胶漆
2. 未标尺寸均为居中或等分安装灯具

顶面布置图　1：75

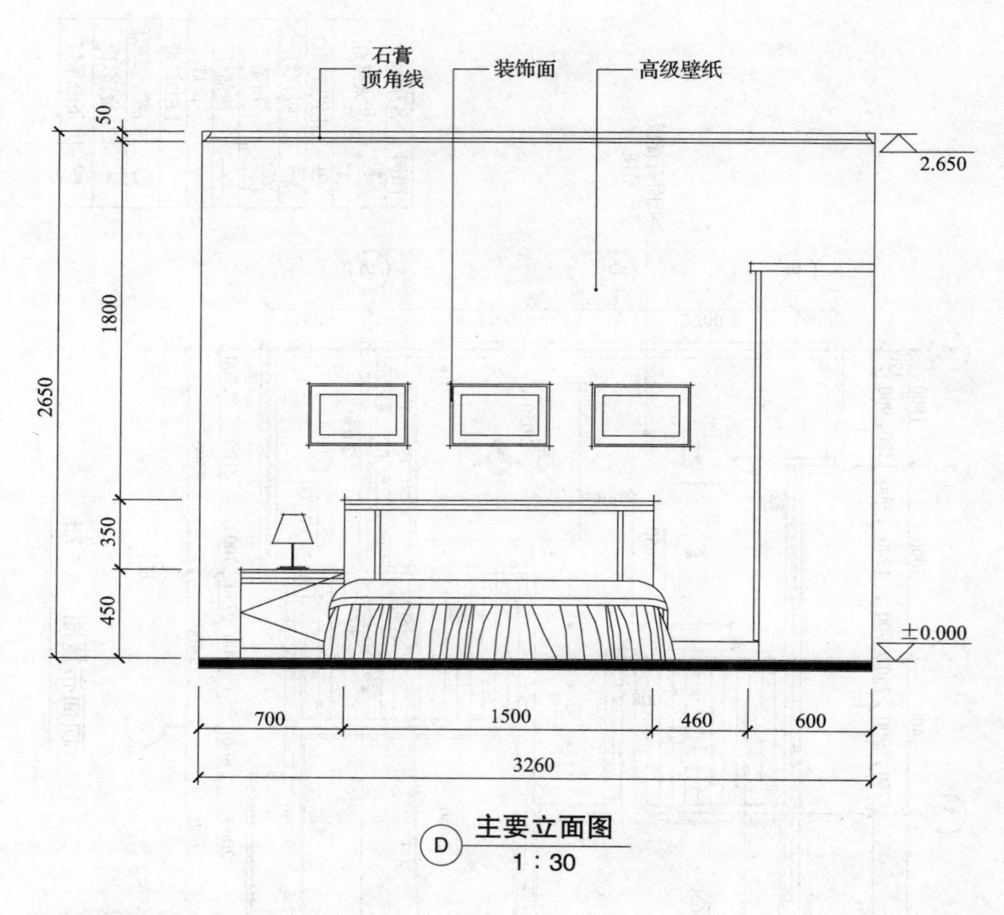

D 主要立面图
1：30

（3）操作要求

1）根据 JGJ/T 244—2011《房屋建筑室内装饰装修制图标准》要求绘制。

2）按照给定的室内装饰设计方案中图形样例的尺寸进行抄绘。

3）该住宅房型尺寸以图中标注为准，未标注尺寸请按比例确定。

4）图纸布局合理，图面整洁，图纸必须采用黑色墨线绘制，层次分明。

2. 评分表

同上题。

附图1.1.3

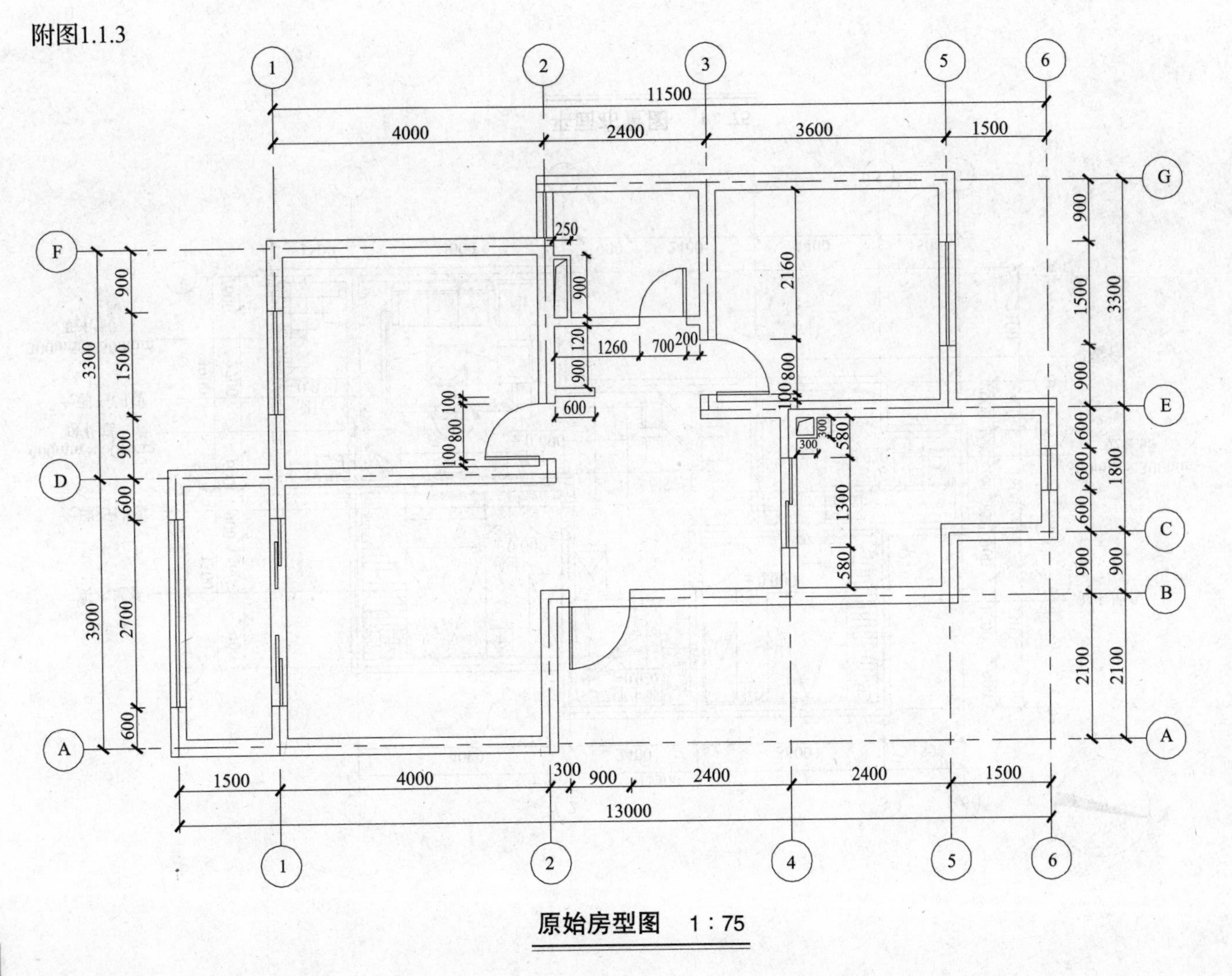

原始房型图　1：75

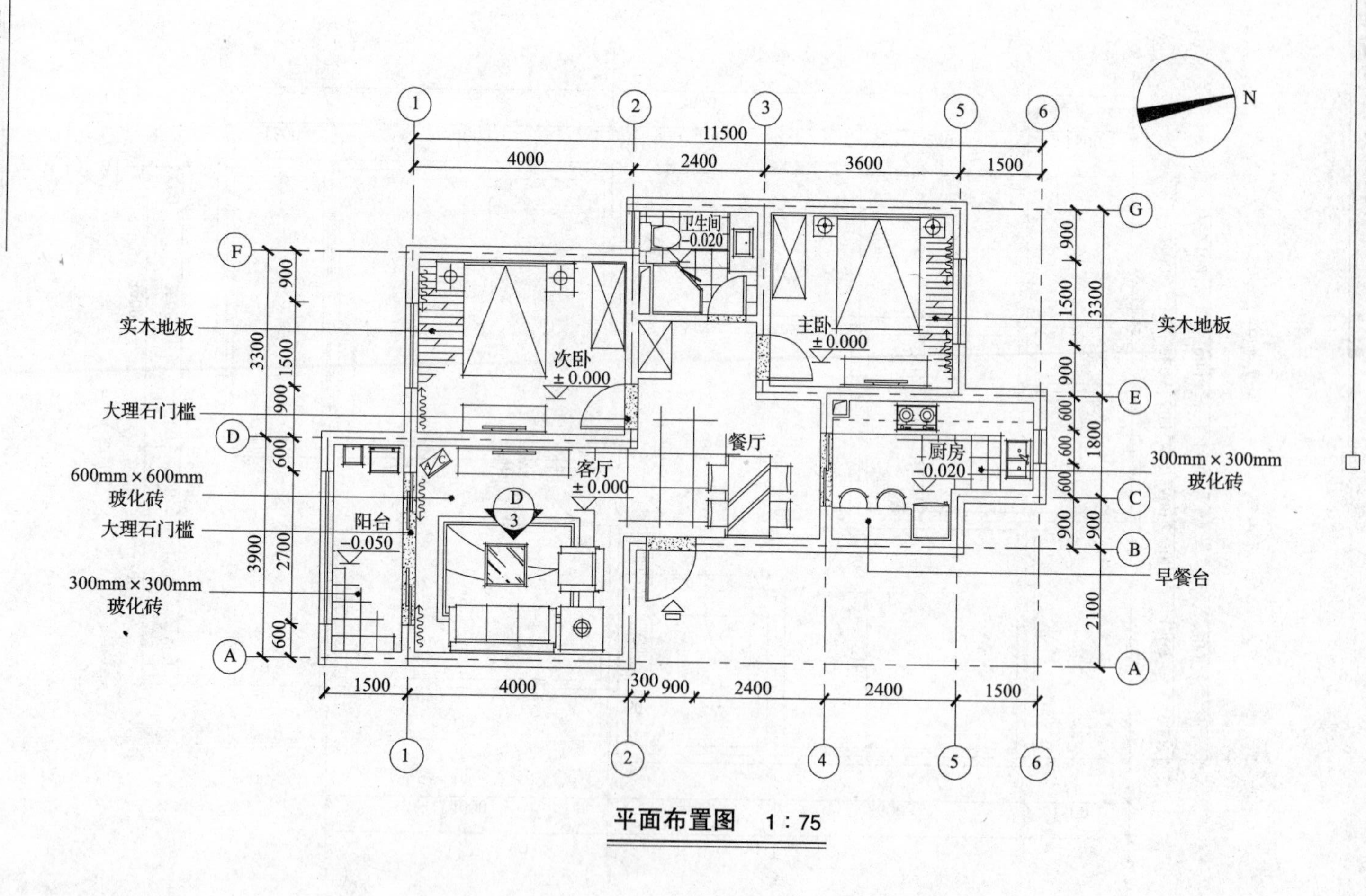
N
11500
4000
2400
3600
1500
卫生间
-0.020
实木地板
次卧
±0.000
主卧
±0.000
实木地板
大理石门槛
餐厅
厨房
-0.020
300mm×300mm
玻化砖
600mm×600mm
玻化砖
客厅
±0.000
大理石门槛
阳台
-0.050
300mm×300mm
玻化砖
早餐台
3300
900
1500
900
600
3900
2700
600
1800
2100
1500
4000
300
900
2400
2400
1500

平面布置图　1：75

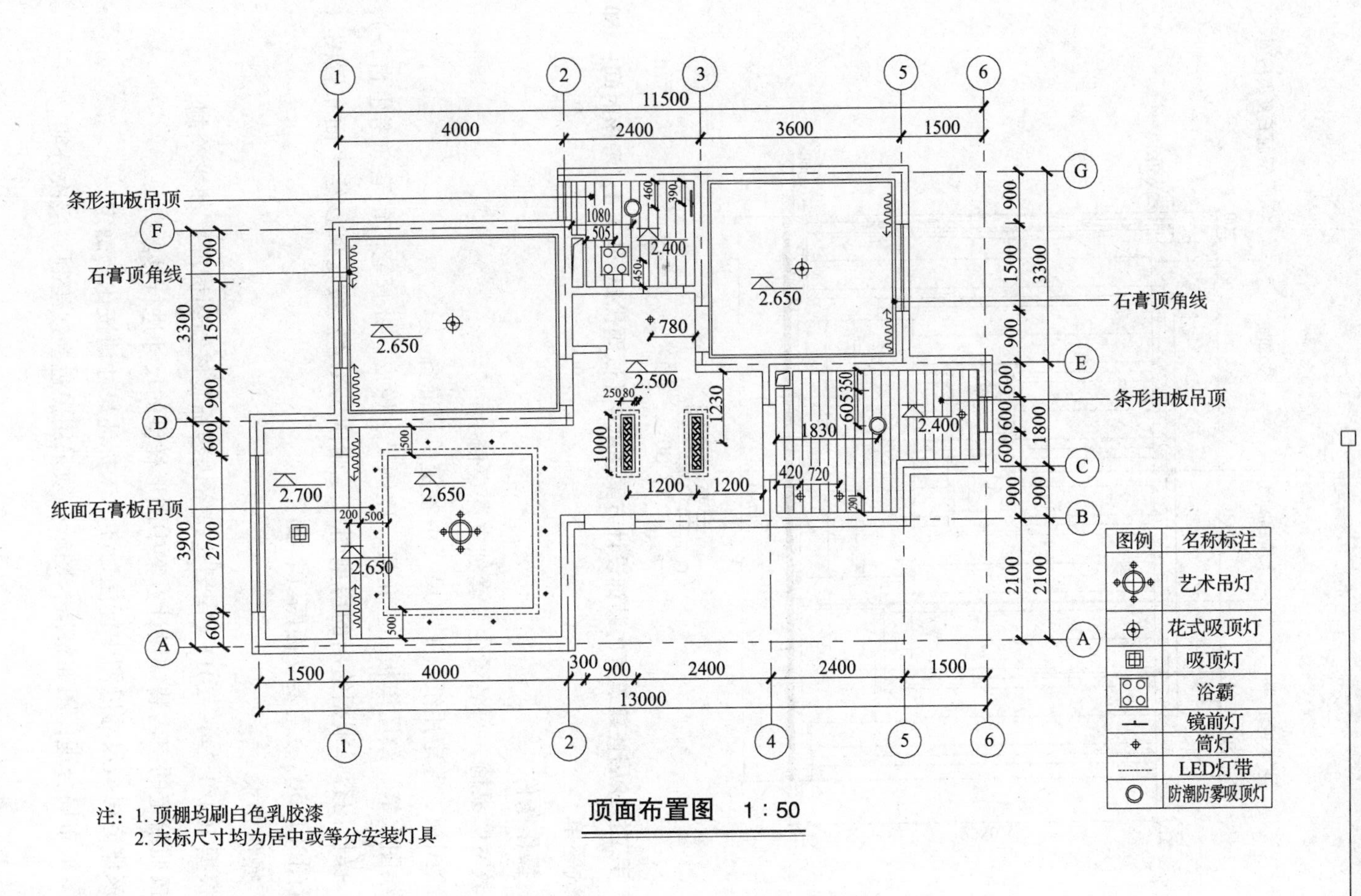

顶面布置图　1：50

注：1. 顶棚均刷白色乳胶漆
2. 未标尺寸均为居中或等分安装灯具

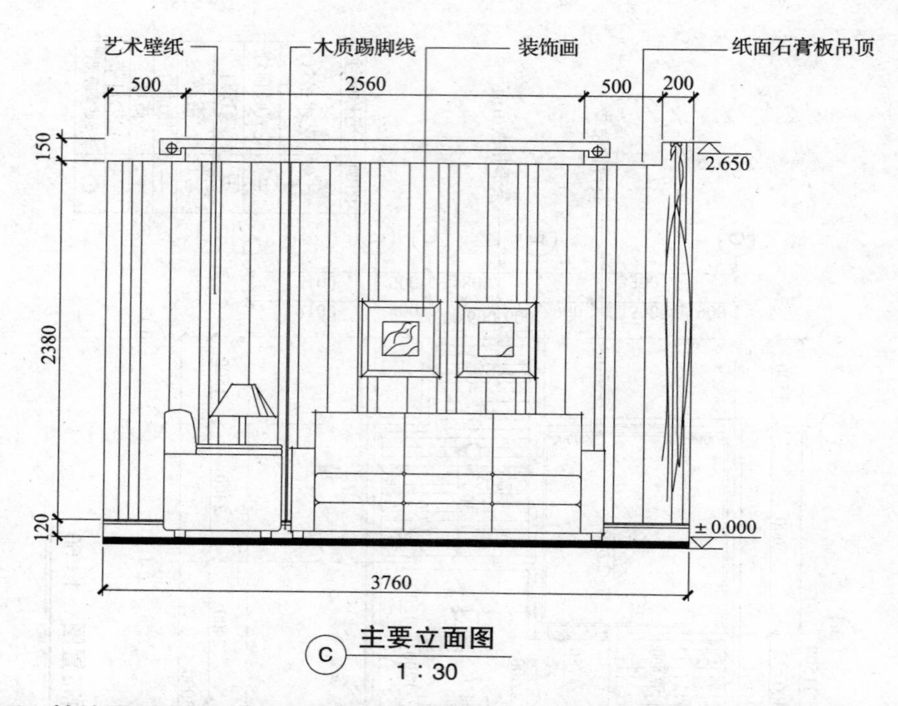

Ⓒ 主要立面图 1:30

四、手工抄绘居住建筑室内装饰设计方案图纸 4（试题代码：**1.1.4**；考核时间：**180 min**）

1. 试题单

（1）操作条件

1）教室课桌椅，每名考生一套独立课桌椅。

2）绘图板、鉴定用纸、丁字尺（由鉴定单位准备）。

3）绘图水笔、绘图模板、三角尺、比例尺、橡皮、针管笔、铅笔（考生自备）。

（2）操作内容。根据给出的房型图（见附图 1.1.4）按比例抄绘平面布置图（1∶50）、顶面布置图（1∶50）、主要立面图（1∶20）。

（3）操作要求

1）根据 JGJ/T 244—2011《房屋建筑室内装饰装修制图标准》要求绘制。

2）按照给定的室内装饰设计方案中图形样例的尺寸进行抄绘。

3）该住宅房型尺寸以图中标注为准，未标注尺寸请按比例确定。

4）图纸布局合理，图面整洁，图纸必须采用黑色墨线绘制，层次分明。

附图1.1.4

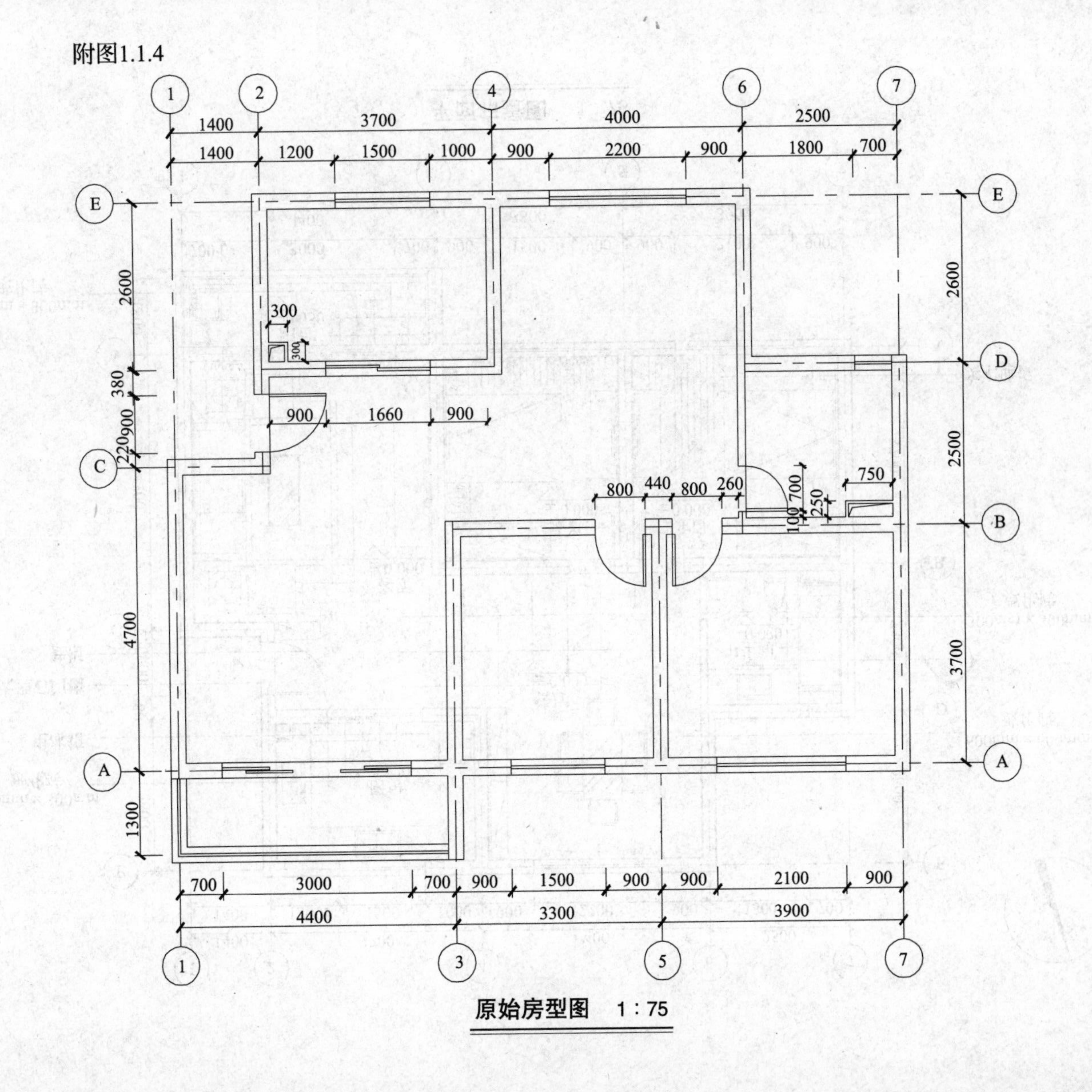

原始房型图　1：75

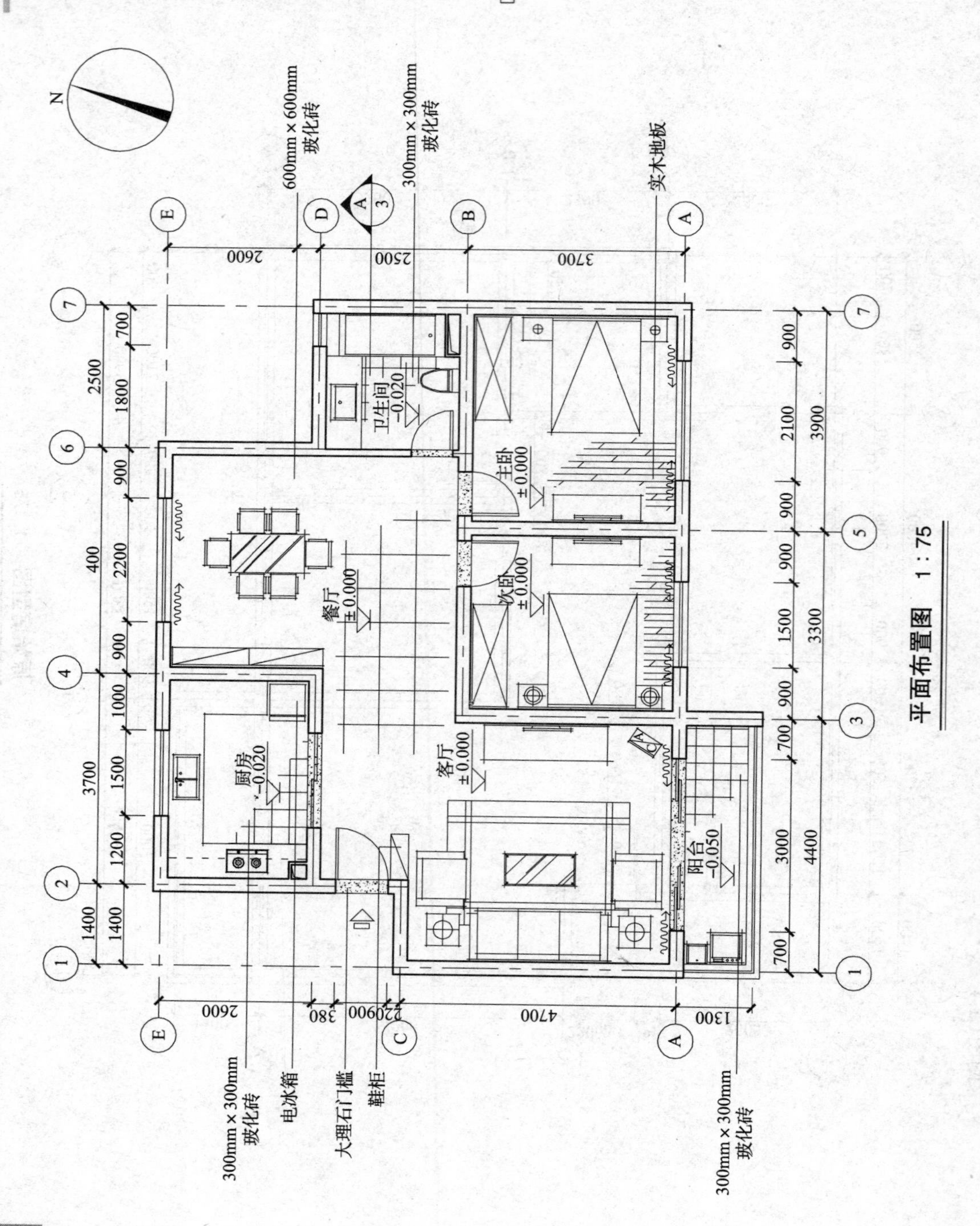

N
600mm×600mm
玻化砖
300mm×300mm
玻化砖
实木地板
卫生间
-0.020
主卧
±0.000
次卧
±0.000
餐厅
±0.000
厨房
-0.020
客厅
±0.000
阳台
-0.050
300mm×300mm
玻化砖
电冰箱
大理石门槛
鞋柜
300mm×300mm
玻化砖

平面布置图 1：75

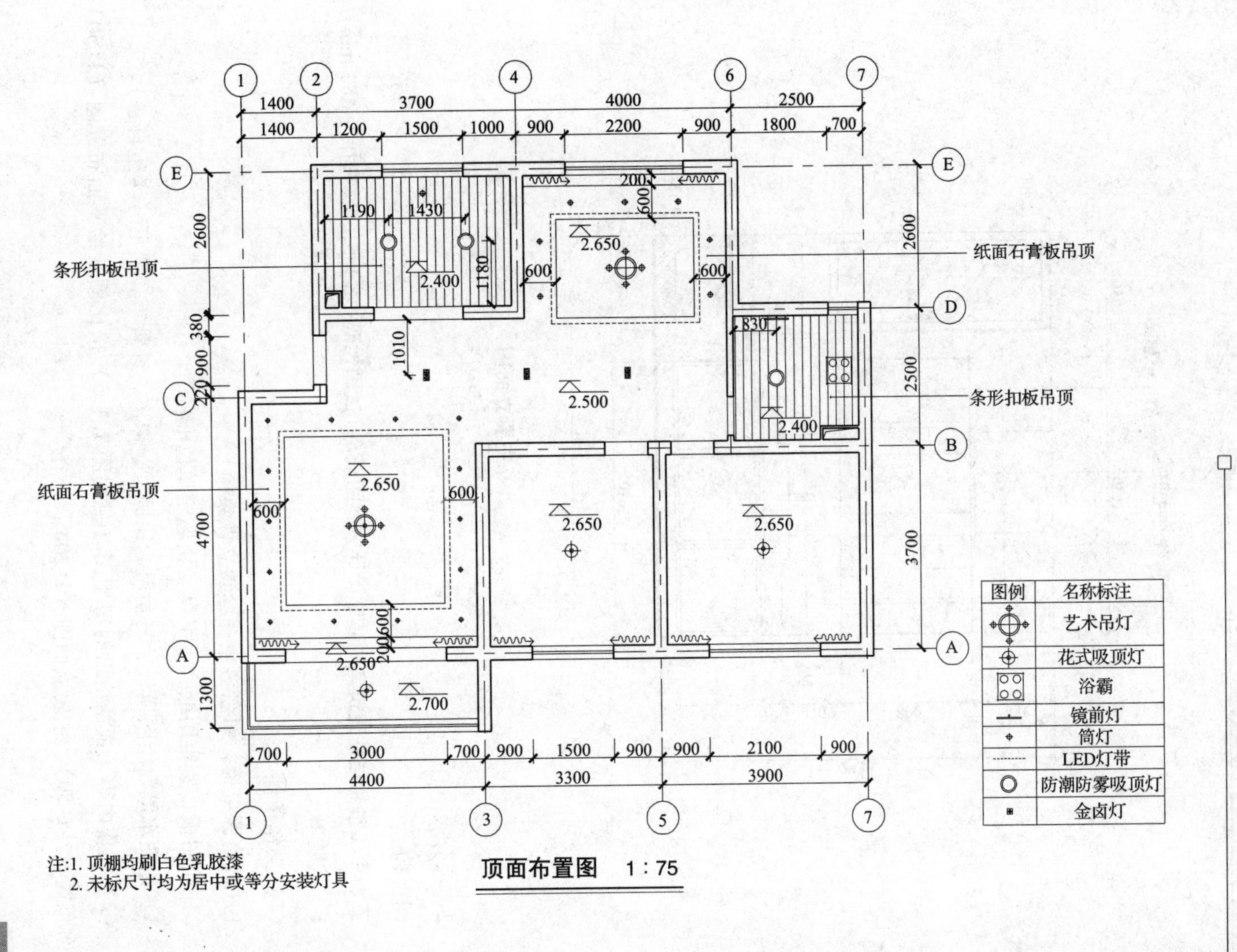

条形扣板吊顶
纸面石膏板吊顶
纸面石膏板吊顶
条形扣板吊顶
图例
名称标注
艺术吊灯
花式吸顶灯
浴霸
镜前灯
筒灯
LED灯带
防潮防雾吸顶灯
金卤灯
注:1. 顶棚均刷白色乳胶漆
2. 未标尺寸均为居中或等分安装灯具

顶面布置图　1：75

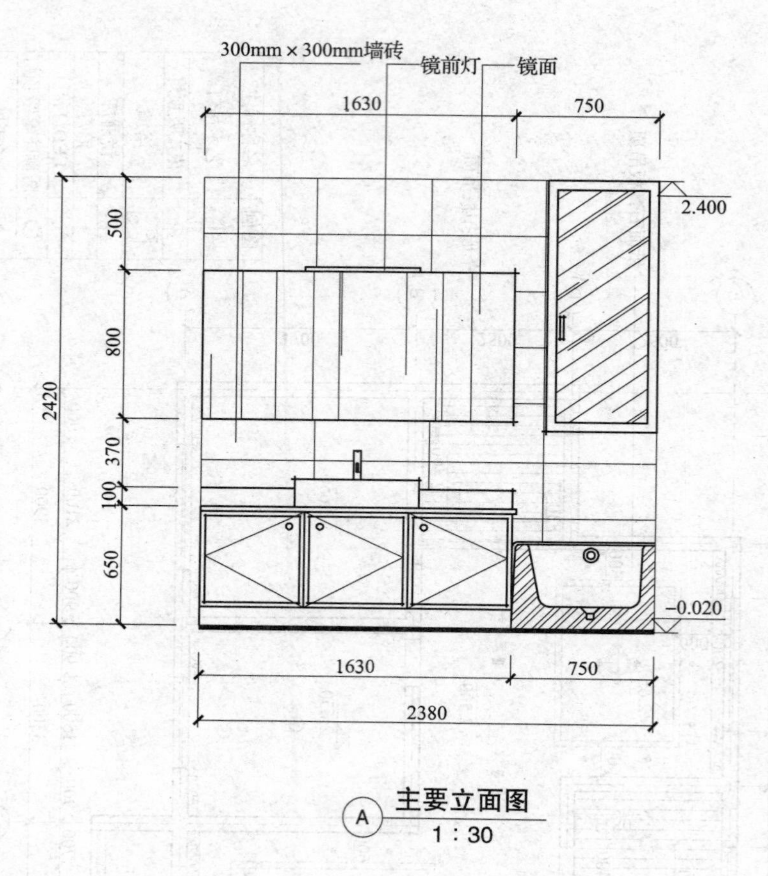

A 主要立面图 1∶30

2. 评分表

同上题。

五、手工抄绘居住建筑室内装饰设计方案图纸5（试题代码：1.1.5；考核时间：180 min）

1. 试题单

（1）操作条件

1）教室课桌椅，每名考生一套独立课桌椅。

2）绘图板、鉴定用纸、丁字尺（由鉴定单位准备）。

3）绘图水笔、绘图模板、三角尺、比例尺、橡皮、针管笔、铅笔（考生自备）。

（2）操作内容。根据给出的房型图（见附图1.1.5）按比例抄绘平面布置图（1∶50）、顶面布置图（1∶50）、主要立面图（1∶20）。

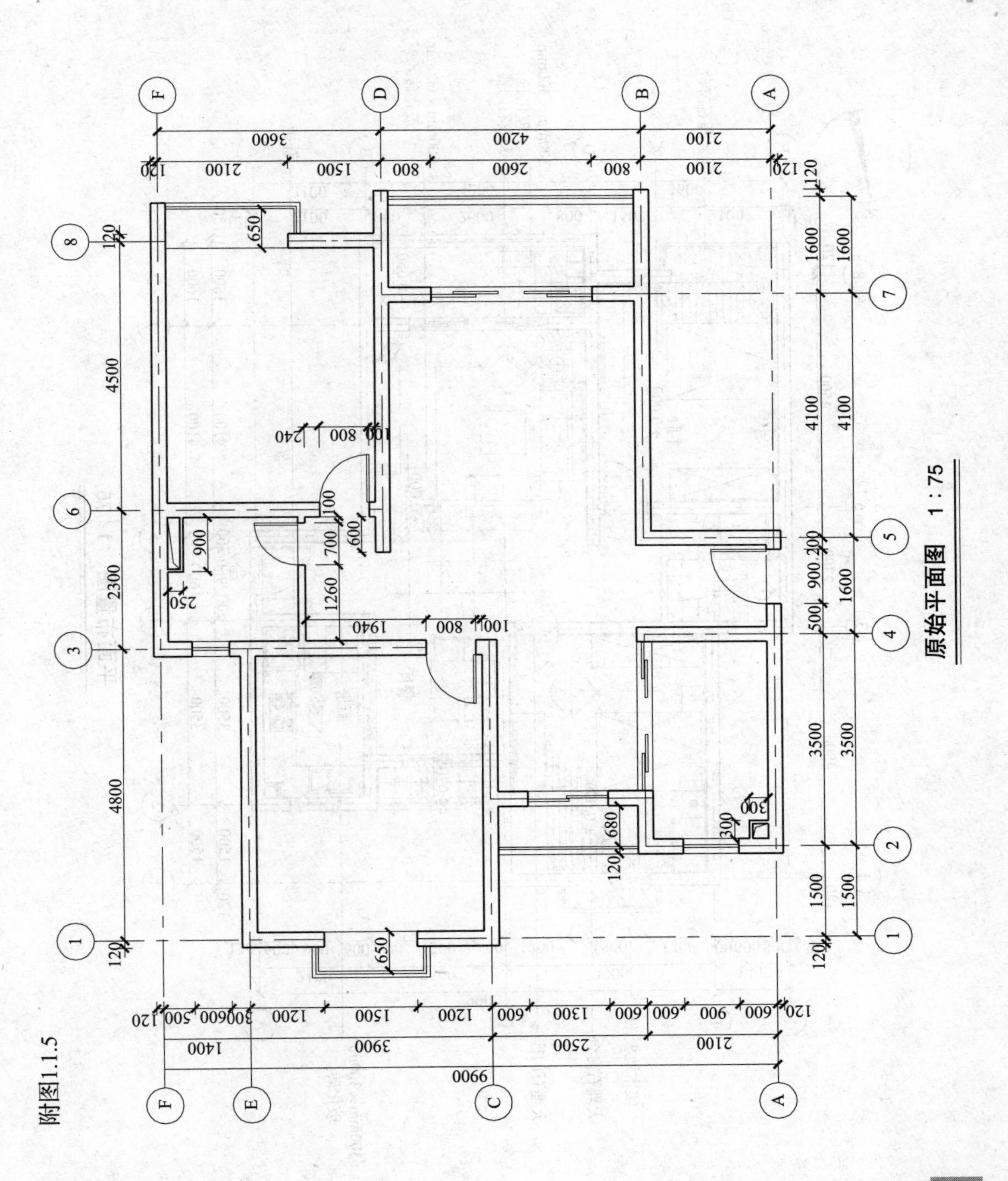

原始平面图　1：75

附图1.1.5

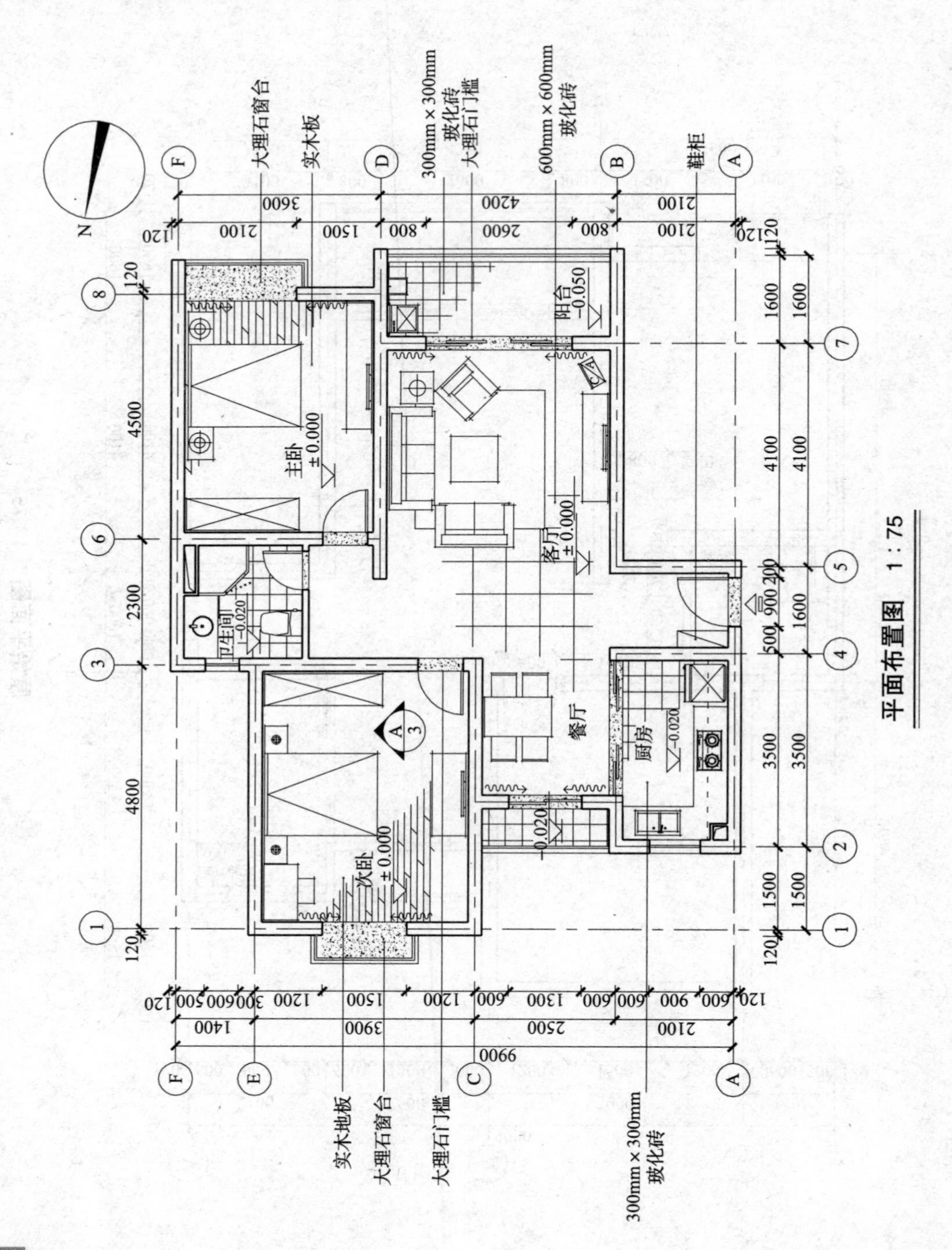
大理石窗台
实木板
300mm×300mm
玻化砖
大理石门槛
600mm×600mm
玻化砖
鞋柜
阳台
-0.050
主卧
±0.000
客厅
±0.000
卫生间
-0.020
餐厅
厨房
-0.020
次卧
±0.000
实木地板
大理石窗台
大理石门槛
300mm×300mm
玻化砖

平面布置图 1：75

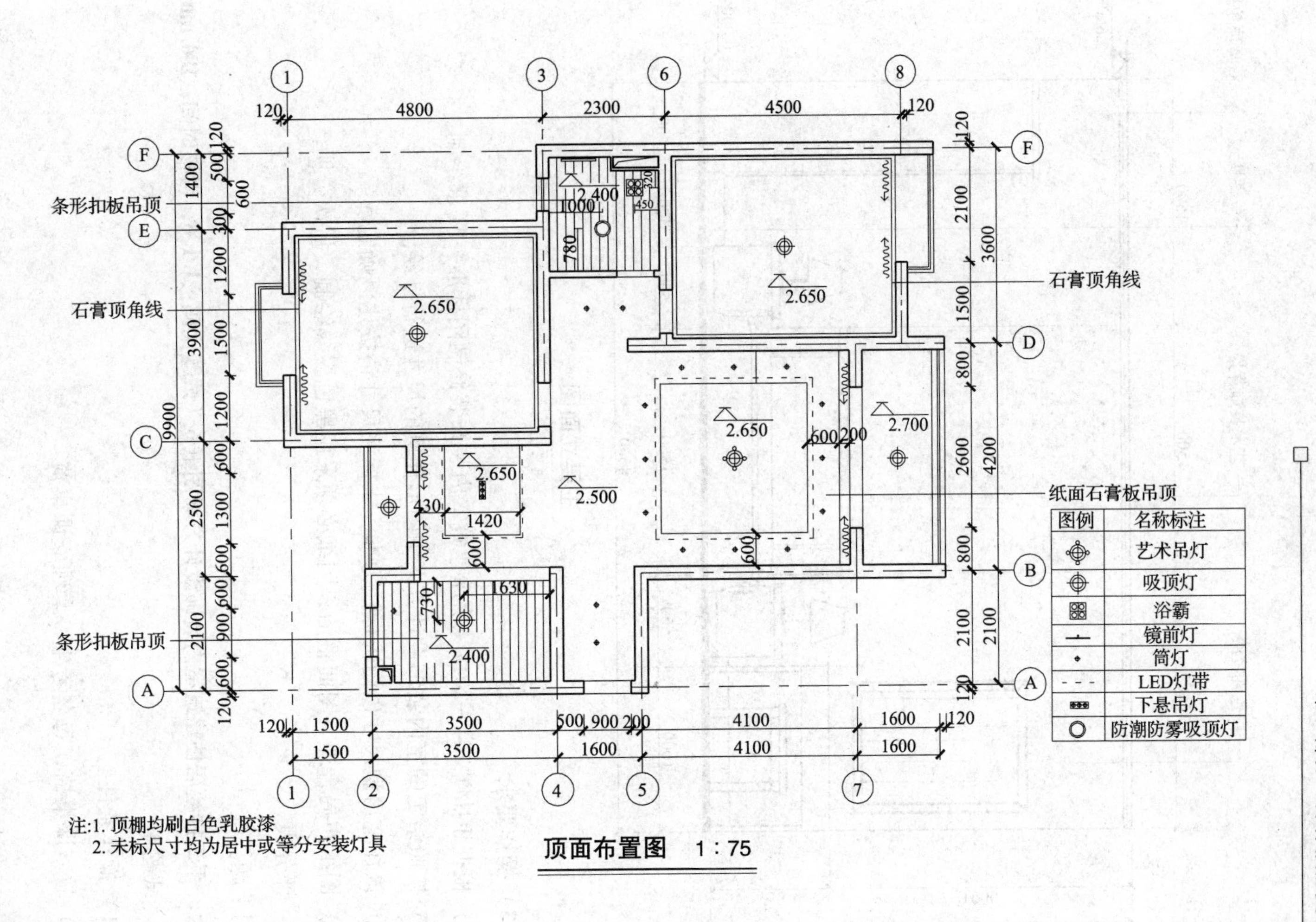

注:1. 顶棚均刷白色乳胶漆
2. 未标尺寸均为居中或等分安装灯具

顶面布置图　1：75

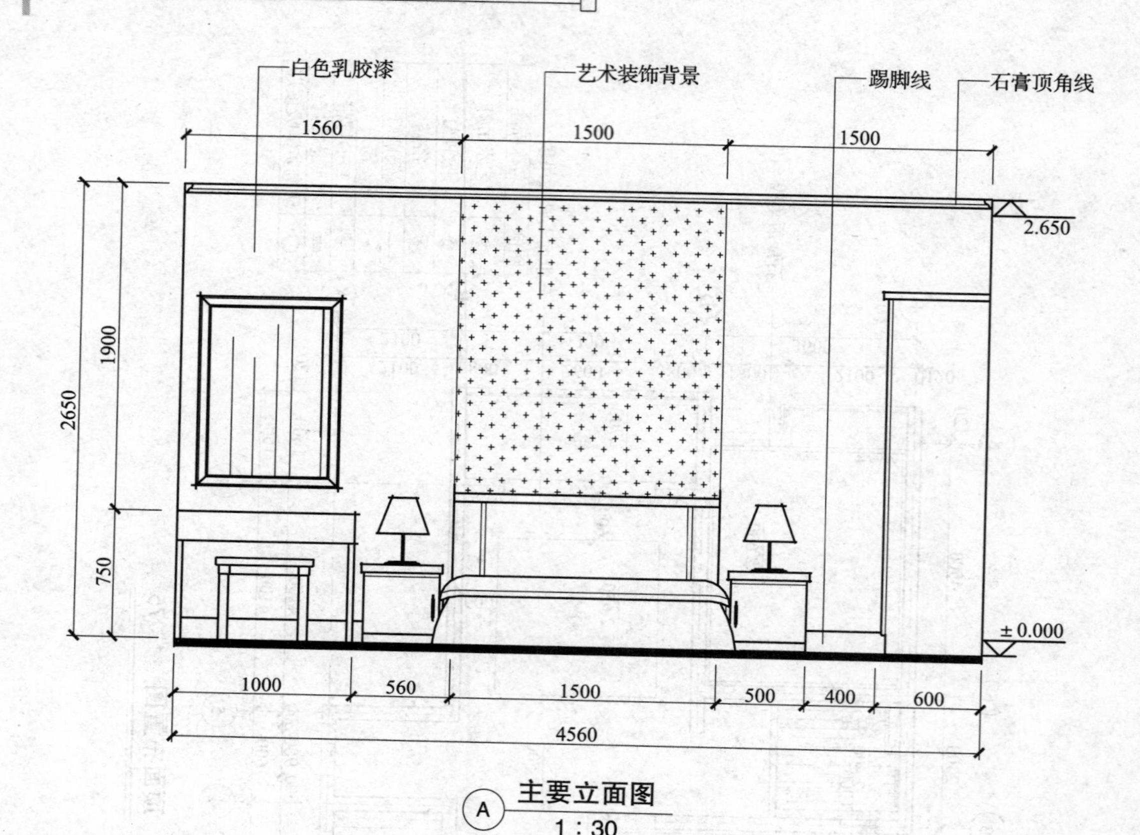

A 主要立面图
1∶30

（3）操作要求

1）根据 JGJ/T 244—2011《房屋建筑室内装饰装修制图标准》要求绘制。

2）按照给定的室内装饰设计方案中图形样例的尺寸进行抄绘。

3）该住宅房型尺寸以图中标注为准，未标注尺寸请按比例确定。

4）图纸布局合理，图面整洁，图纸必须采用黑色墨线绘制，层次分明。

2. 评分表

同上题。

六、手工抄绘居住建筑室内装饰设计方案图纸 6（试题代码：1.1.6；考核时间：180 min）

1. 试题单

（1）操作条件

1）教室课桌椅，每名考生一套独立课桌椅。

2）绘图板、鉴定用纸、丁字尺（由鉴定单位准备）。

3）绘图水笔、绘图模板、三角尺、比例尺、橡皮、针管笔、铅笔（考生自备）。

（2）操作内容。根据给出的房型图（见附图 1.1.6）按比例抄绘平面布置图（1∶50）、顶面布置图（1∶50）、主要立面图（1∶20）。

附图 1.1.6

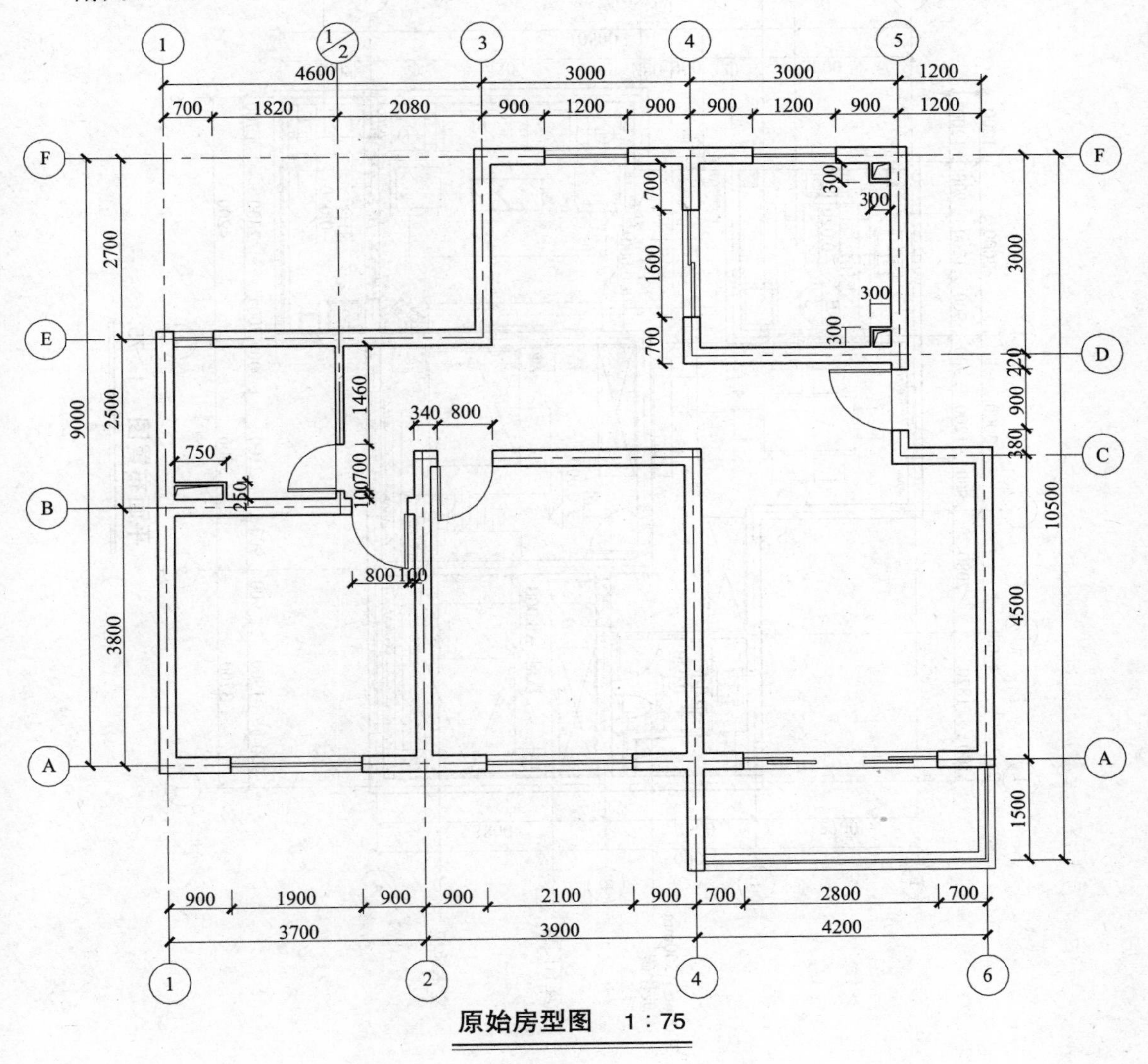

原始房型图　1∶75

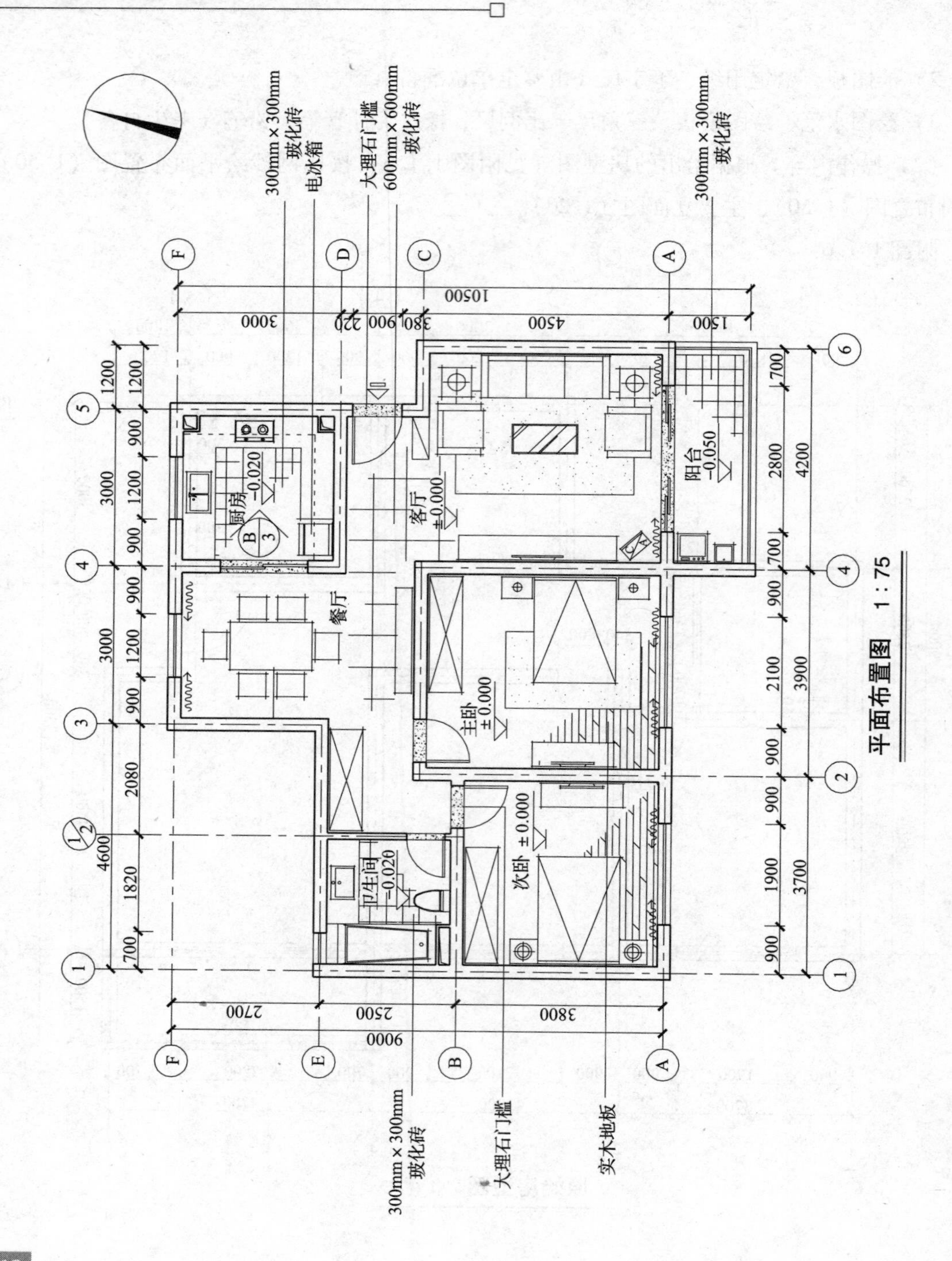
300mm×300mm
玻化砖
电冰箱
大理石门槛
600mm×600mm
玻化砖
300mm×300mm
玻化砖
厨房
-0.020
客厅
±0.000
阳台
-0.050
餐厅
主卧
±0.000
次卧 ±0.000
卫生间
-0.020
300mm×300mm
玻化砖
大理石门槛
实木地板
10500
3000
220
900
380
4500
1500
9000
2700
2500
3800
1200
900
3000
1200
900
900
1200
900
2080
4600
1820
700
700
2800
4200
700
900
2100
3900
900
900
1900
3700
900

平面布置图　1：75

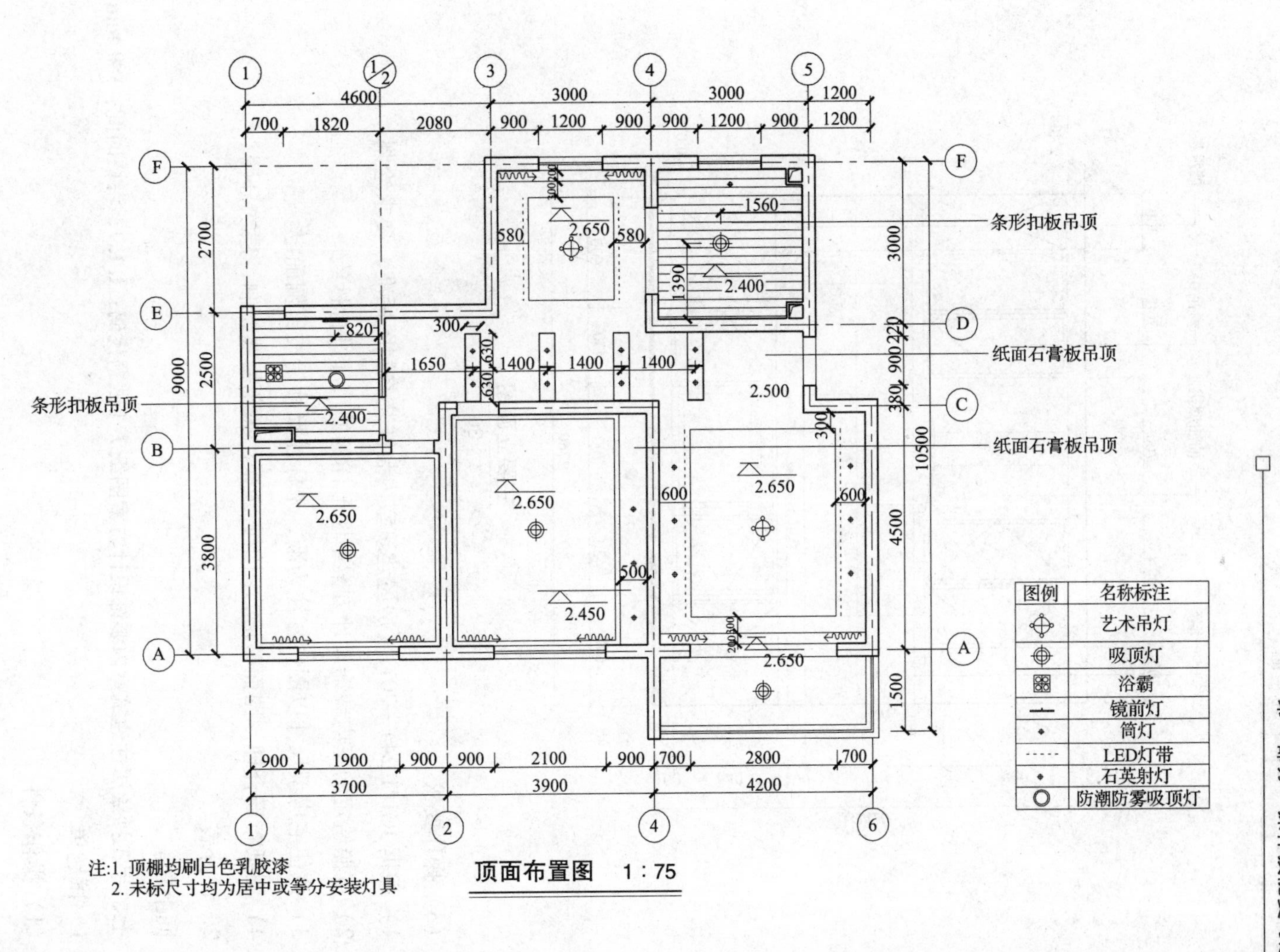
条形扣板吊顶
纸面石膏板吊顶
纸面石膏板吊顶
条形扣板吊顶
图例
名称标注
艺术吊灯
吸顶灯
浴霸
镜前灯
筒灯
LED灯带
石英射灯
防潮防雾吸顶灯
注:1. 顶棚均刷白色乳胶漆
2. 未标尺寸均为居中或等分安装灯具

顶面布置图　1 : 75

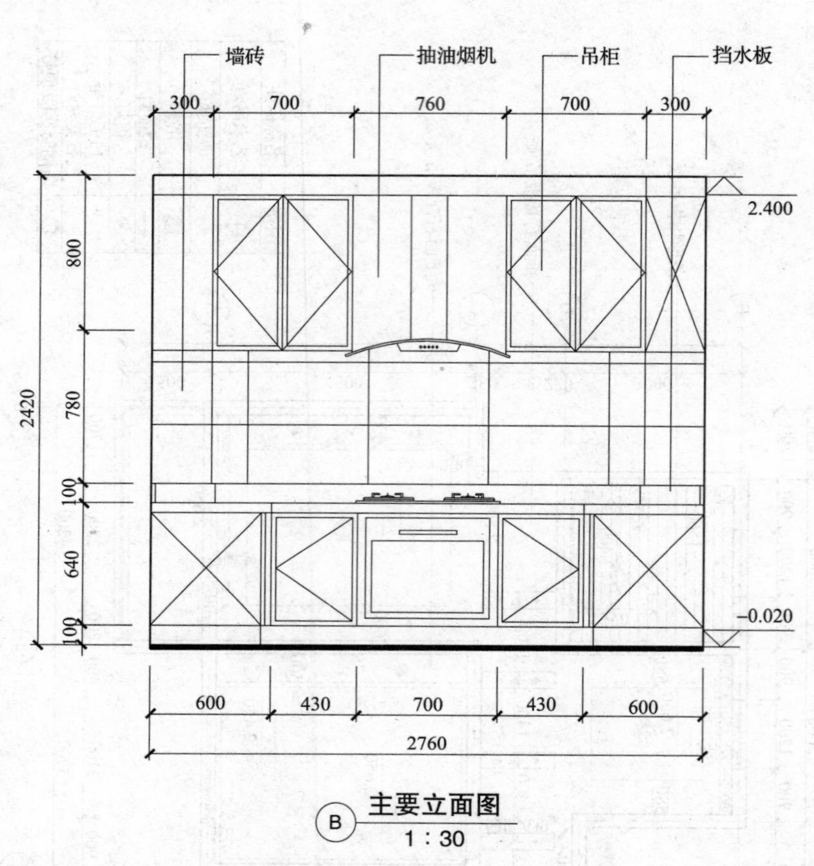

B 主要立面图
1：30

（3）操作要求

1）根据 JGJ/T 244—2011《房屋建筑室内装饰装修制图标准》要求绘制。

2）按照给定的室内装饰设计方案中图形样例的尺寸进行抄绘。

3）该住宅房型尺寸以图中标注为准，未标注尺寸请按比例确定。

4）图纸布局合理，图面整洁，图纸必须采用黑色墨线绘制，层次分明。

2．评分表

同上题。

七、手工抄绘居住建筑室内装饰设计方案图纸 7（试题代码：1.1.7；考核时间：180 min）

1．试题单

（1）操作条件

1）教室课桌椅，每名考生一套独立课桌椅。

2）绘图板、鉴定用纸、丁字尺（由鉴定单位准备）。

3）绘图水笔、绘图模板、三角尺、比例尺、橡皮、针管笔、铅笔（考生自备）。

（2）操作内容。根据给出的房型图（见附图1.1.7）按比例抄绘平面布置图（1∶50）、顶面布置图（1∶50）、主要立面图（1∶20）。

附图1.1.7

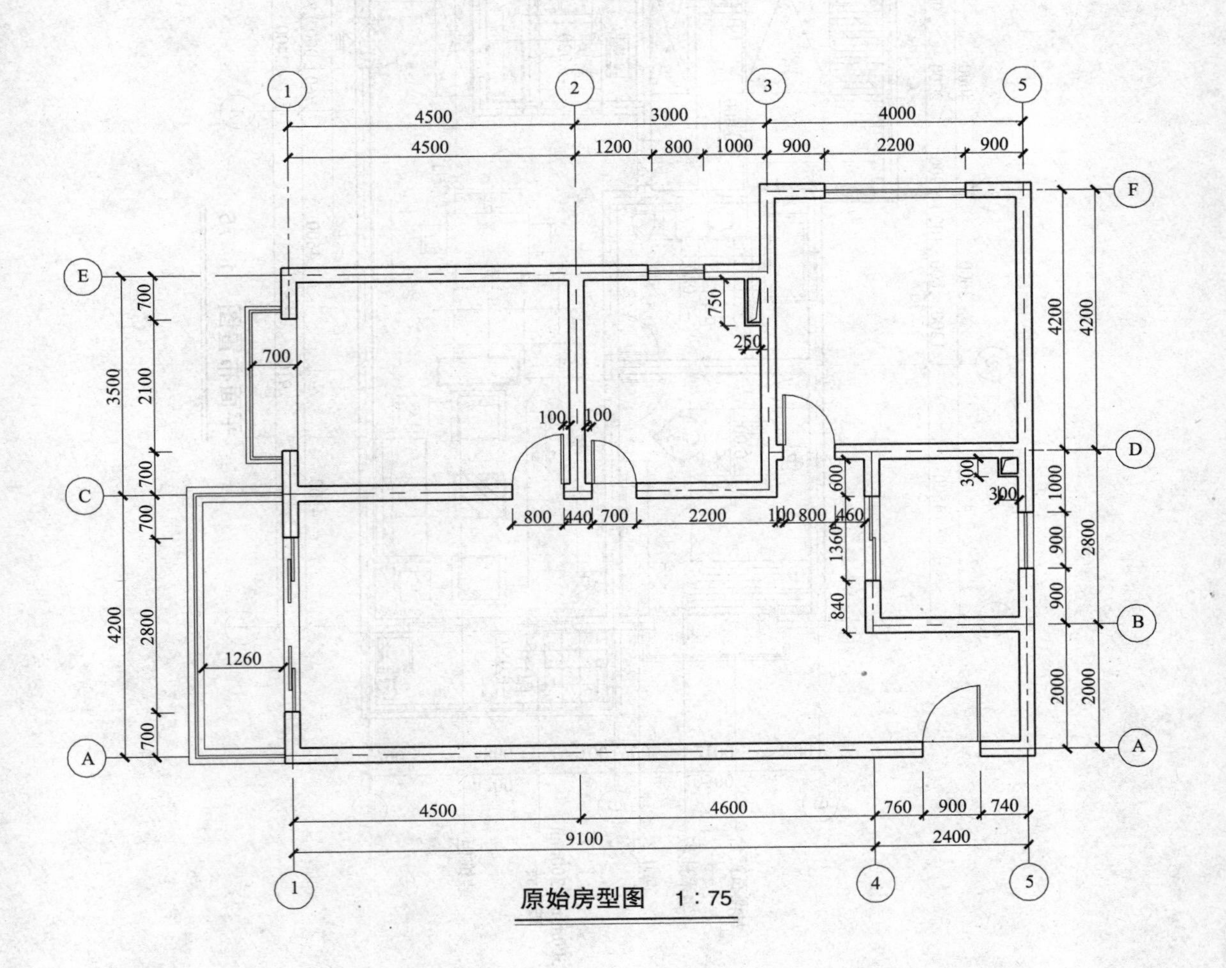

原始房型图　1∶75

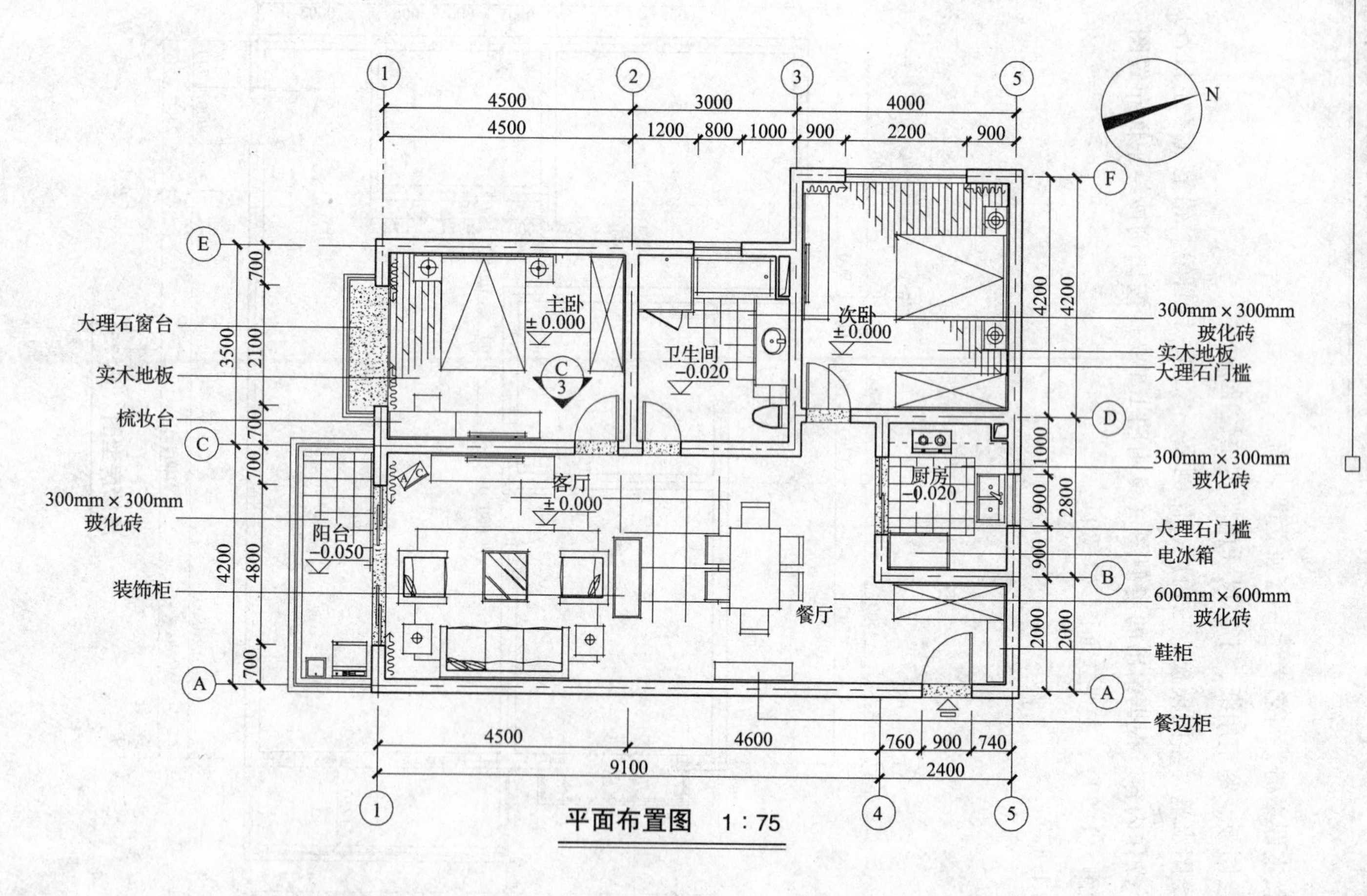
N
大理石窗台
实木地板
梳妆台
300mm×300mm 玻化砖
装饰柜
主卧 ±0.000
卫生间 -0.020
次卧 ±0.000
客厅 ±0.000
阳台 -0.050
厨房 -0.020
餐厅
300mm×300mm 玻化砖
实木地板
大理石门槛
300mm×300mm 玻化砖
大理石门槛
电冰箱
600mm×600mm 玻化砖
鞋柜
餐边柜

平面布置图 1：75

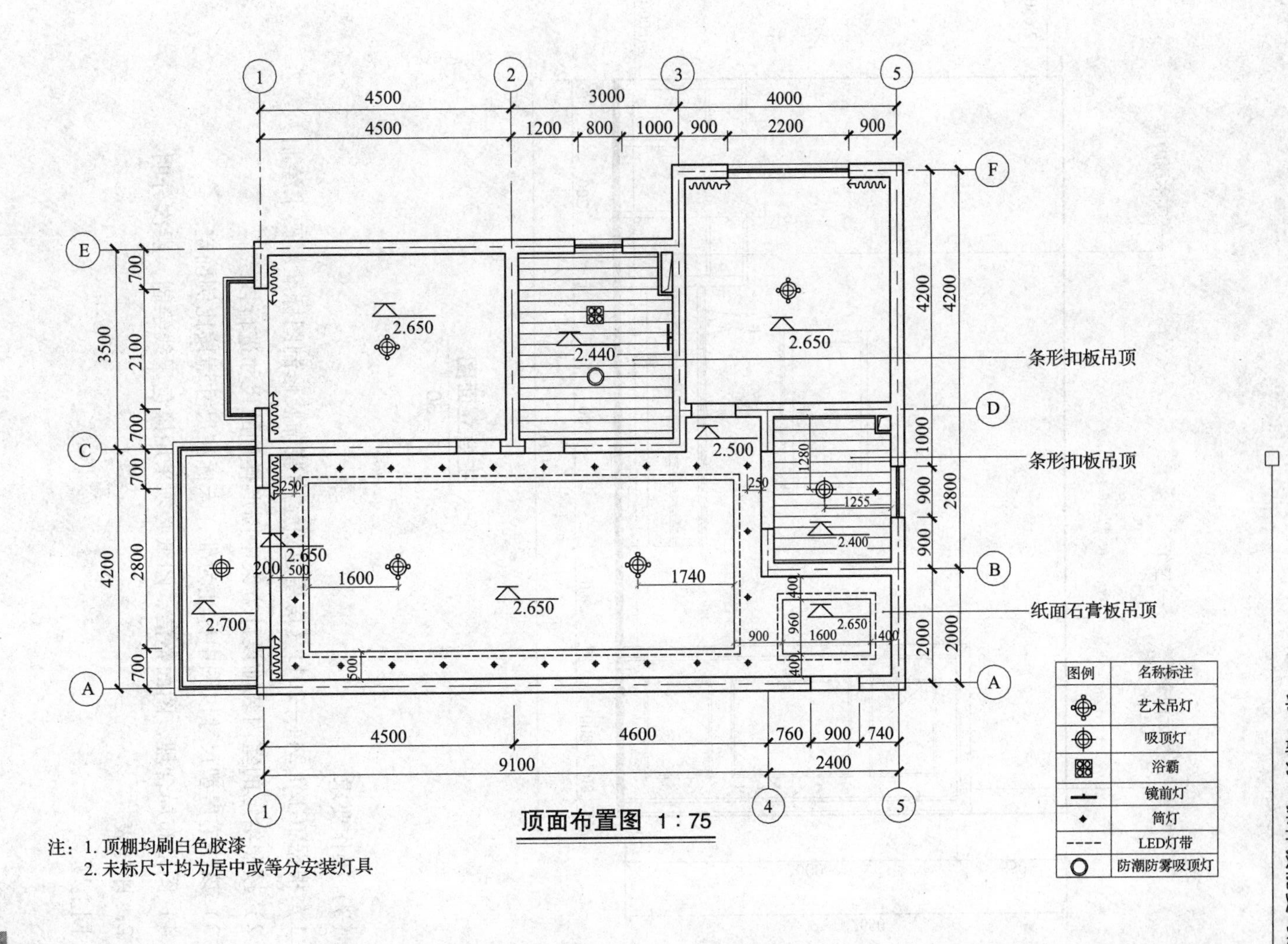

顶面布置图　1：75

注：1. 顶棚均刷白色胶漆
2. 未标尺寸均为居中或等分安装灯具

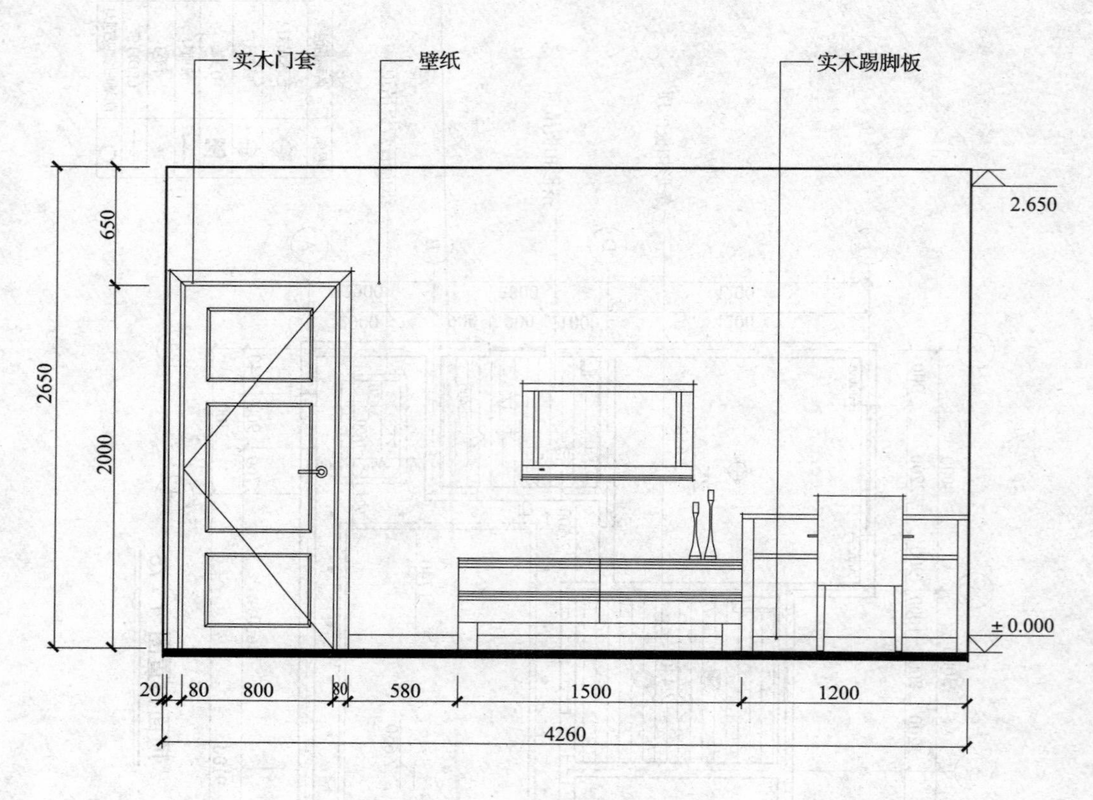

C 主要立面图 1：30

（3）操作要求

1）根据JGJ/T 244—2011《房屋建筑室内装饰装修制图标准》要求绘制。

2）按照给定的室内装饰设计方案中图形样例的尺寸进行抄绘。

3）该住宅房型尺寸以图中标注为准，未标注尺寸请按比例确定。

4）图纸布局合理，图面整洁，图纸必须采用黑色墨线绘制，层次分明。

2. 评分表

同上题。

八、手工抄绘居住建筑室内装饰设计方案图纸 8（试题代码：1.1.8；考核时间：180 min）

1. 试题单

（1）操作条件

1）教室课桌椅，每名考生一套独立课桌椅。

2）绘图板、鉴定用纸、丁字尺（由鉴定单位准备）。

3）绘图水笔、绘图模板、三角尺、比例尺、橡皮、针管笔、铅笔（考生自备）。

（2）操作内容。根据给出的房型图（见附图 1.1.8）按比例抄绘平面布置图（1∶50）、顶面布置图（1∶50）、主要立面图（1∶20）。

（3）操作要求

1）根据 JGJ/T 244—2011《房屋建筑室内装饰装修制图标准》要求绘制。

2）按照给定的室内装饰设计方案中图形样例的尺寸进行抄绘。

3）该住宅房型尺寸以图中标注为准，未标注尺寸请按比例确定。

4）图纸布局合理，图面整洁，图纸必须采用黑色墨线绘制，层次分明。

2. 评分表

同上题。

九、手工抄绘居住建筑室内装饰设计方案图纸 9（试题代码：1.1.9；考核时间：180 min）

1. 试题单

（1）操作条件

1）教室课桌椅，每名考生一套独立课桌椅。

2）绘图板、鉴定用纸、丁字尺（由鉴定单位准备）。

3）绘图水笔、绘图模板、三角尺、比例尺、橡皮、针管笔、铅笔（考生自备）。

（2）操作内容。根据给出的房型图（见附图 1.1.9）按比例抄绘平面布置图（1∶50）、顶面布置图（1∶50）、主要立面图（1∶20）。

（3）操作要求

1）根据 JGJ/T 244—2011《房屋建筑室内装饰装修制图标准》要求绘制。

2）按照给定的室内装饰设计方案中图形样例的尺寸进行抄绘。

3）该住宅房型尺寸以图中标注为准，未标注尺寸请按比例确定。

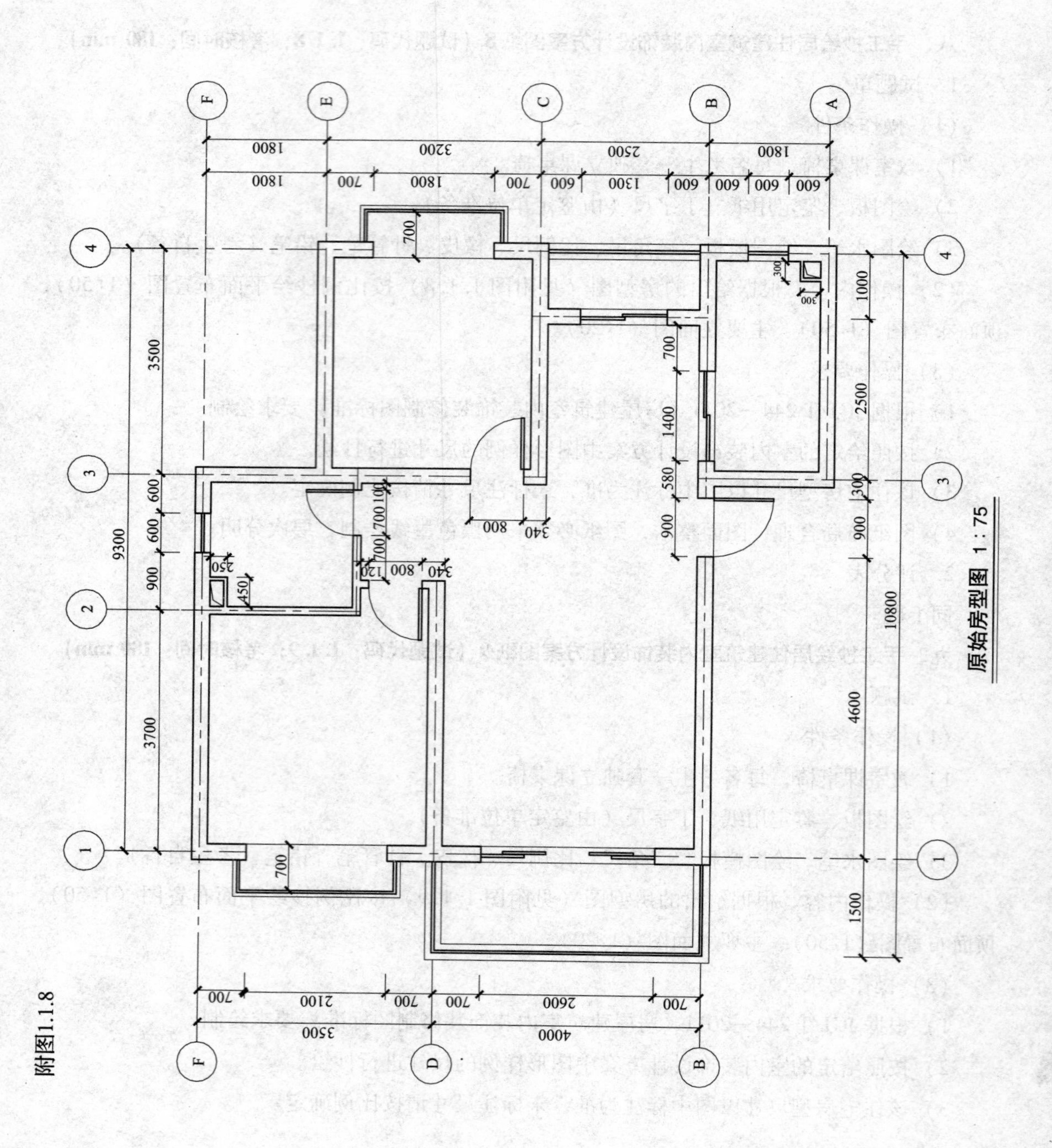
原始房型图 1：75
F
E
C
B
A
1800
3200
2500
1800
700
1300
600
4
3
2
1
3500
9300
3700
1000
2500
10800
4600
1500
3500
4000
2100
2600
D

附图1.1.8

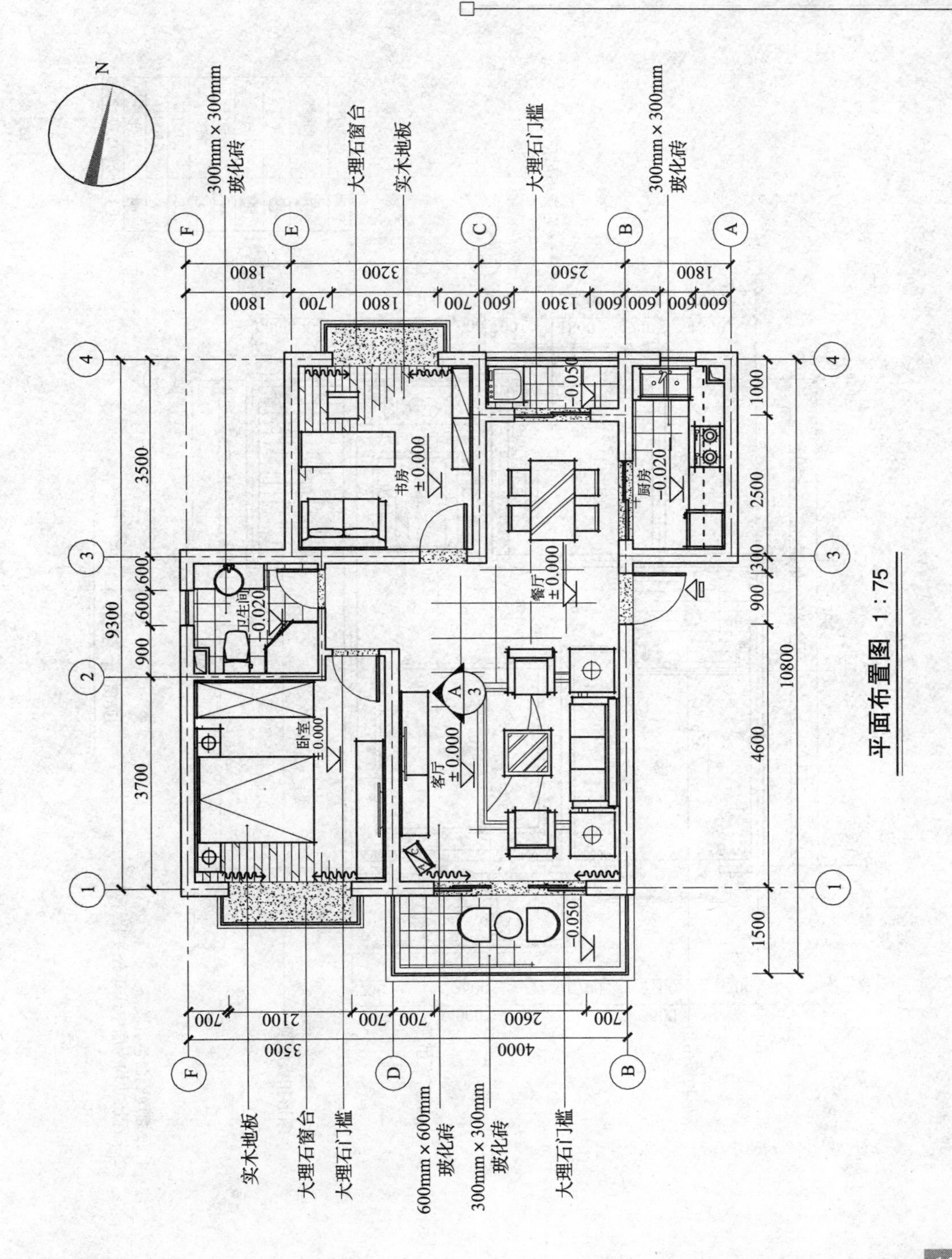
300mm × 300mm 玻化砖
大理石窗台
实木地板
大理石门槛
300mm × 300mm 玻化砖
书房 ±0.000
卧室 ±0.000
客厅 ±0.000
餐厅 ±0.000
卫生间 −0.020
厨房 −0.020
实木地板
大理石窗台
大理石门槛
600mm × 600mm 玻化砖
300mm × 300mm 玻化砖
大理石门槛
N

平面布置图 1：75

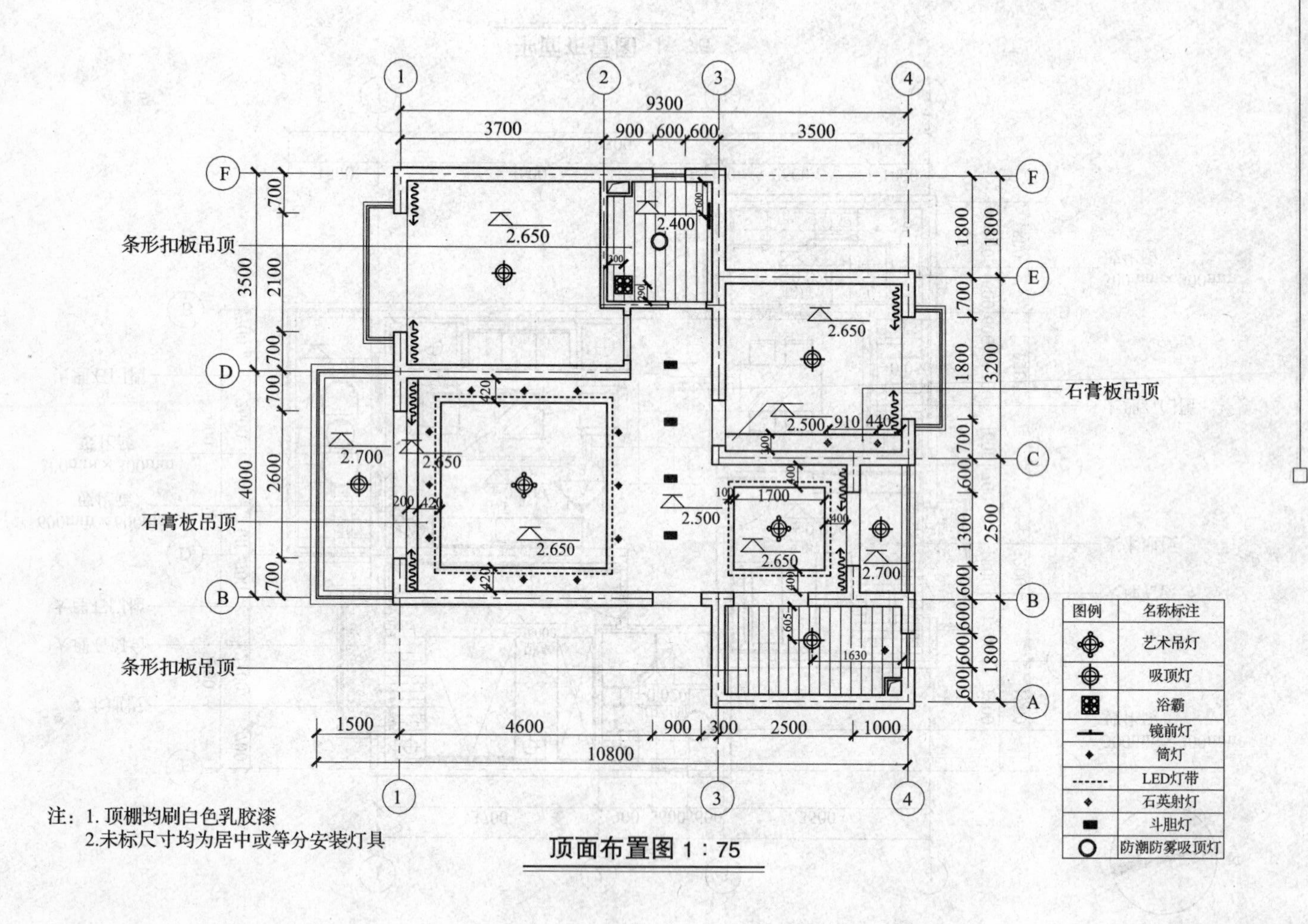
条形扣板吊顶
石膏板吊顶
石膏板吊顶
条形扣板吊顶
图例
名称标注
艺术吊灯
吸顶灯
浴霸
镜前灯
筒灯
LED灯带
石英射灯
斗胆灯
防潮防雾吸顶灯
注：1. 顶棚均刷白色乳胶漆
2.未标尺寸均为居中或等分安装灯具

顶面布置图 1：75

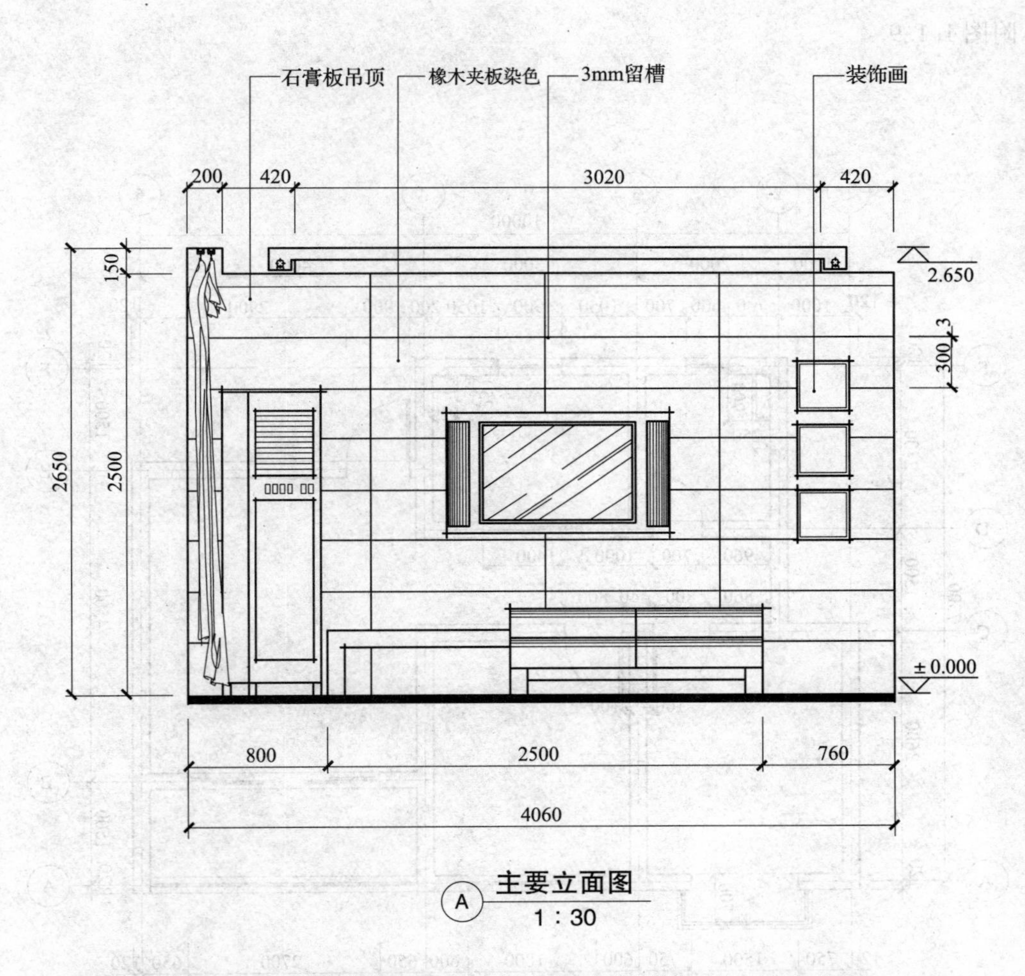

Ⓐ 主要立面图
1：30

4）图纸布局合理，图面整洁，图纸必须采用黑色墨线绘制，层次分明。

2．评分表

同上题。

附图 1.1.9

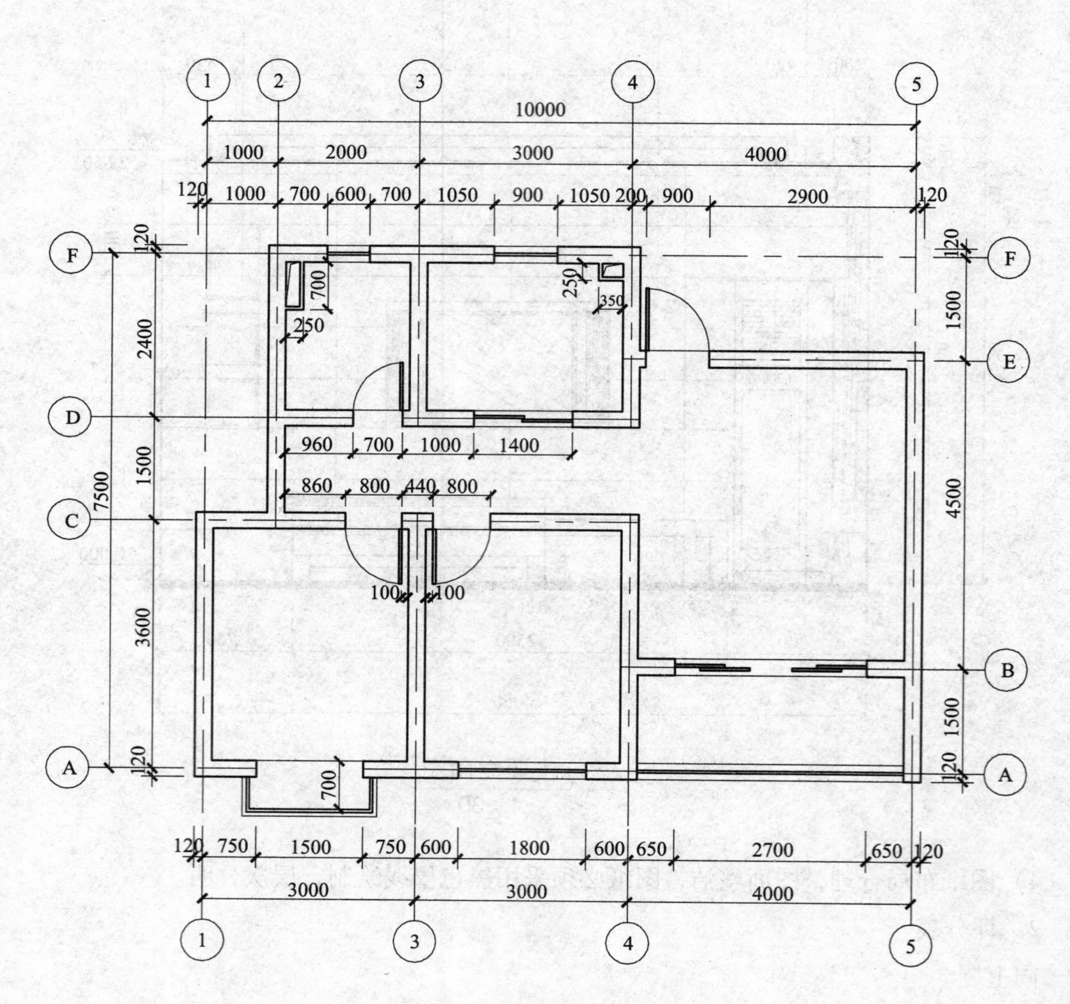

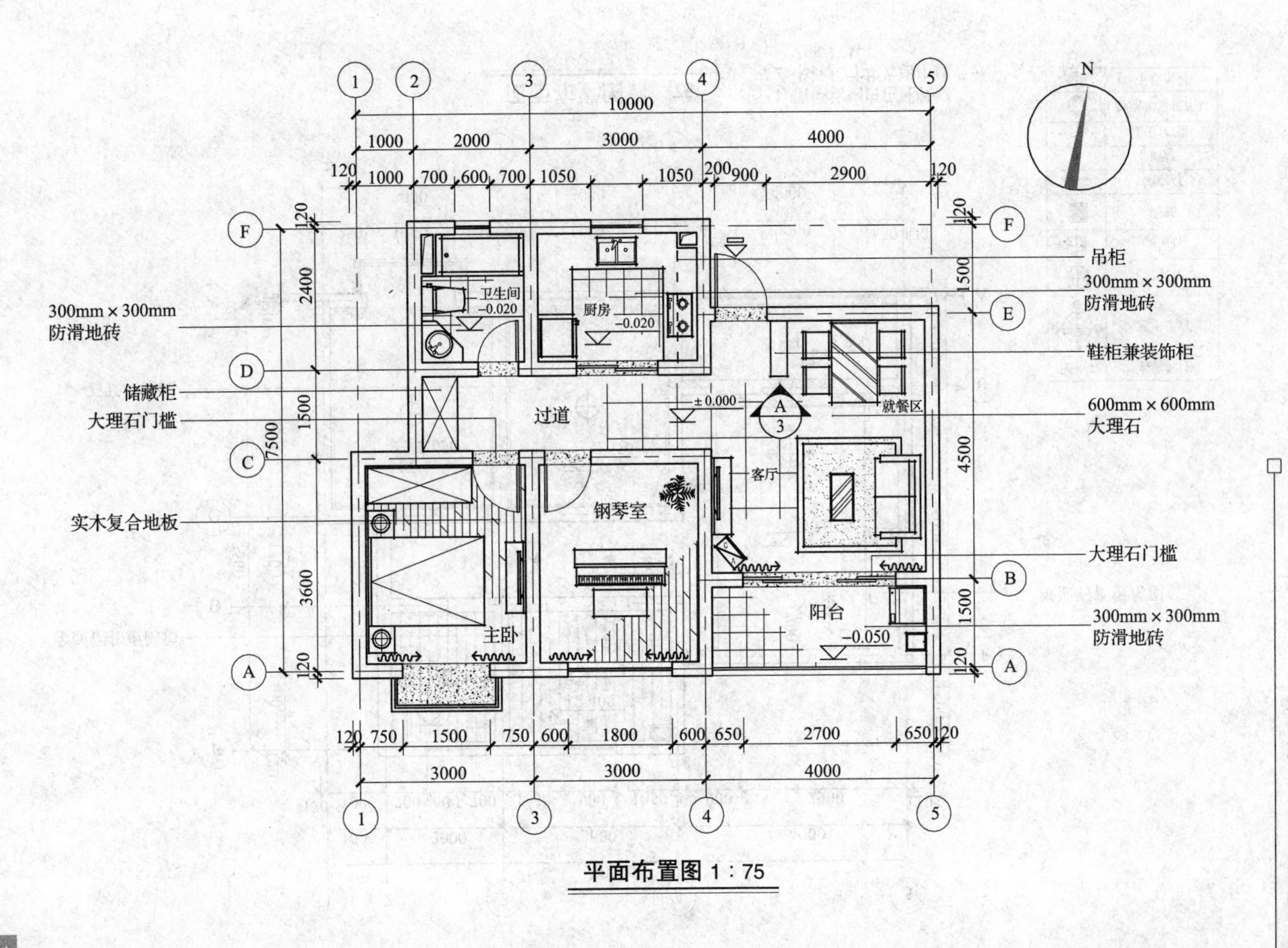
300mm×300mm
防滑地砖
储藏柜
大理石门槛
实木复合地板
吊柜
300mm×300mm
防滑地砖
鞋柜兼装饰柜
600mm×600mm
大理石
大理石门槛
300mm×300mm
防滑地砖
卫生间
厨房
过道
就餐区
客厅
钢琴室
主卧
阳台
N

平面布置图 1：75

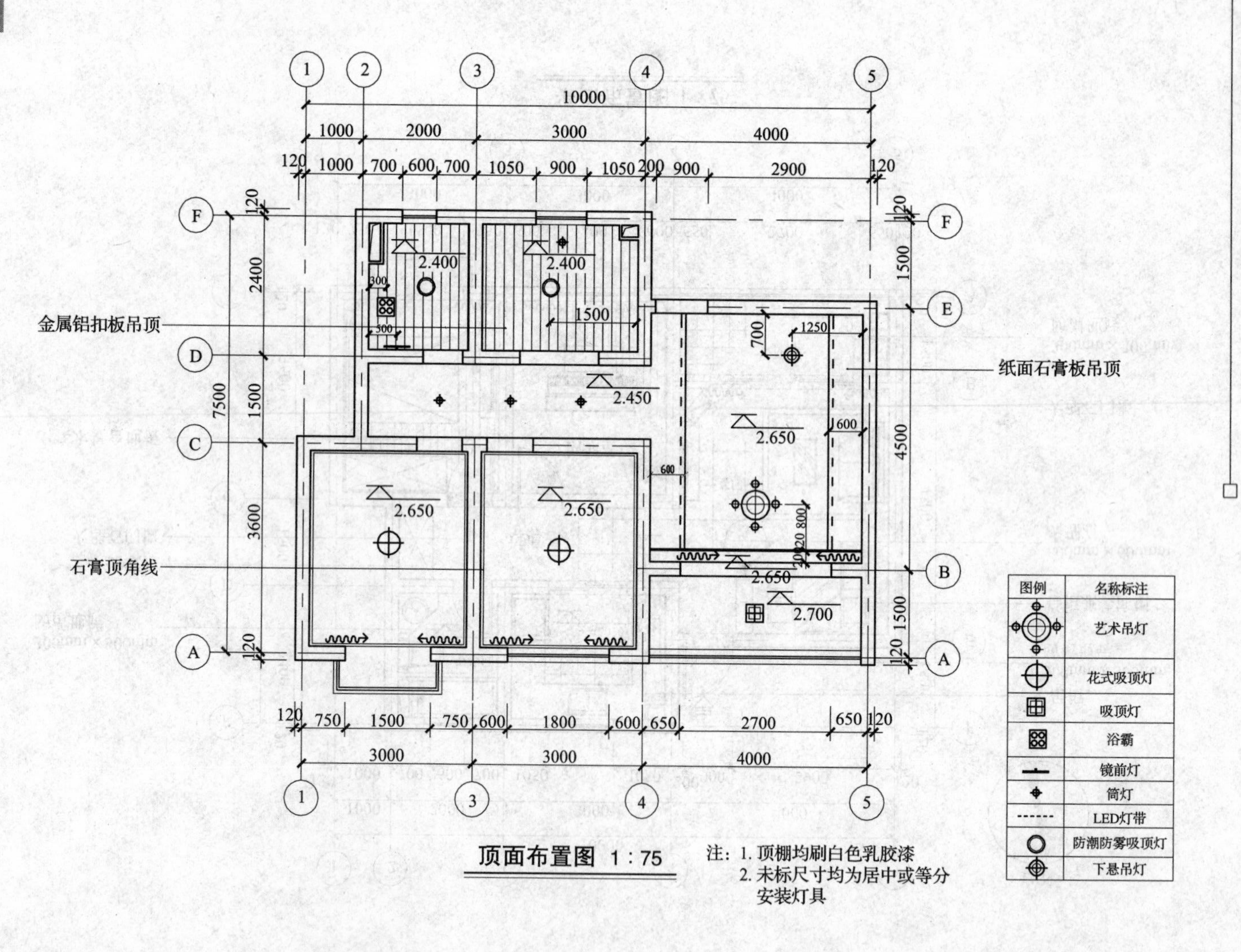

图例	名称标注
	艺术吊灯
	花式吸顶灯
	吸顶灯
	浴霸
	镜前灯
	筒灯
	LED灯带
	防潮防雾吸顶灯
	下悬吊灯

顶面布置图 1：75

注：1. 顶棚均刷白色乳胶漆
2. 未标尺寸均为居中或等分安装灯具

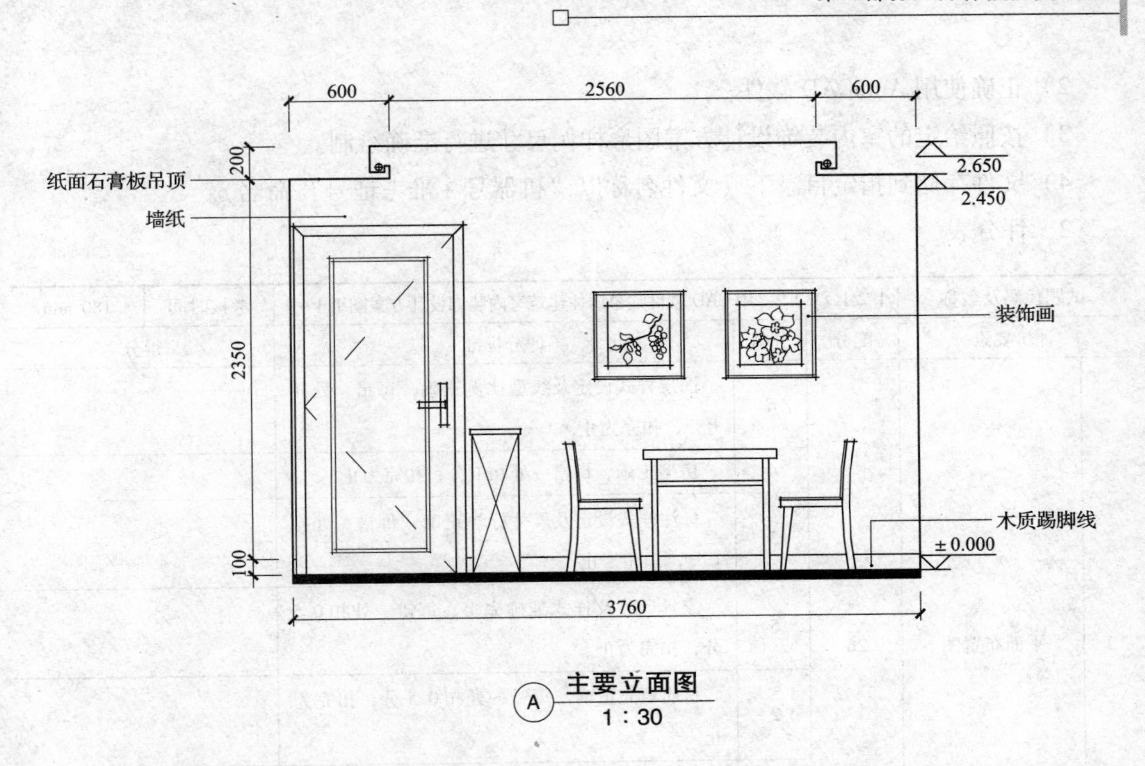

十、用 CAD 软件临摹居住建筑室内装饰设计方案图纸 1 ~ 9（试题代码：1.2.1 ~ 1.2.9；考核时间：180 min）

1．试题单

（1）操作条件

1）台式计算机。

2）使用 AutoCAD 软件。

3）图形样例：见附图 1. 2. 1. dwg ~ 1. 2. 9. dwg①。

（2）操作内容。按照附图中已给的室内装饰设计方案图形，操作 AutoCAD 软件对除原始房型图外的所有样例图形进行临摹绘制。

（3）操作要求

1）图形规范符合 JGJ/T 244—2011《房屋建筑室内装饰装修制图标准》。

---

① 附图文件可在 http：//www. class. com. cn/datas/6/20131060071. rar 下载。

2）正确使用AutoCAD软件。

3）按照给定的室内装饰设计方案图形样例尺寸进行准确绘制。

4）文件存储到指定目录下（文件名称以“机器号+准考证号”命名）。

2. 评分表

试题代码及名称		1.2.1～1.2.9　用CAD软件临摹居住建筑室内装饰设计方案图纸1～9			考核时间	180 min
评价要素		配分	分值	评分标准	得分	
1	平面布置图	26	6	图层样式设定及线型比例正确，每错一处扣1分，扣完为止		
			4	房型正确，每错一处扣1分，扣完为止		
			5	标注样式设定及尺寸标注正确，每错一处扣1分，扣完为止		
			5	家具尺寸及样式准确完整，每错一处扣0.5分，扣完为止		
			2	材质填充正确，每错一处扣0.5分，扣完为止		
			2	文字格式及说明正确，每错一处扣0.2分，扣完为止		
			2	符号表达正确，每错一处扣0.5分，扣完为止		
2	顶面布置图	16	2	房型及比例正确，每错一处扣1分，扣完为止		
			4	标注及标高正确，每错一处扣1分，扣完为止		
			5	吊顶正确及灯具布置，每错一处扣0.5分，扣完为止		
			3	图例表达正确，每错一处扣1分，扣完为止		
			2	图名及文字说明正确，每错一处扣1分，扣完为止		

续表

<table>
<tr><td colspan="2">试题代码及名称</td><td colspan="3">1.2.1~1.2.9 用CAD软件临摹居住建筑室内装饰设计方案图纸1~9</td><td>考核时间</td><td>180 min</td></tr>
<tr><td colspan="2">评价要素</td><td>配分</td><td>分值</td><td>评分标准</td><td colspan="2">得分</td></tr>
<tr><td rowspan="4">3</td><td rowspan="4">立面图</td><td rowspan="4">8</td><td>2</td><td>图形正确、线型正确，每错一处扣1分，扣完为止</td><td colspan="2"></td></tr>
<tr><td>2</td><td>符号表示正确，每错一处扣1分，扣完为止</td><td colspan="2"></td></tr>
<tr><td>2</td><td>图名及文字说明正确，每错一处扣1分，扣完为止</td><td colspan="2"></td></tr>
<tr><td>2</td><td>立面家具样式尺寸正确，每错一处扣0.5分，扣完为止</td><td colspan="2"></td></tr>
<tr><td colspan="2">合计配分</td><td>50</td><td colspan="2">合计得分</td><td colspan="2"></td></tr>
</table>

第5部分 理论知识考试模拟试卷及答案

室内装饰设计员（四级）理论知识试卷

注 意 事 项

1. 考试时间：90 min。
2. 请首先按要求在试卷的标封处填写您的姓名、准考证号和所在单位的名称。
3. 请仔细阅读各种题目的回答要求，在规定的位置填写您的答案。
4. 不要在试卷上乱写乱画，不要在标封区填写无关的内容。

	一	二	总分
得分			

得分	
评分人	

一、判断题（第1题～第60题。将判断结果填入括号中。正确的填“√”，错误的填“×”。每题0.5分，满分30分）

1. 唐代著名的佛塔有大雁塔和小雁塔。 （ ）
2. 萨伏依别墅是勒·柯布西耶“新建筑五点论”建筑观的诠释。 （ ）
3. 从建筑设计来说，最重要的是任务书。 （ ）

4. 用隔墙分隔空间比用家具分隔空间更加节省空间。（ ）

5. 绿色陈设是指室内装饰品中绿颜色的装饰品。（ ）

6. 室内设计内容多，涉及面广，因此需要室内设计人员除具有本专业知识外，还应熟悉其他相关的设计内容。（ ）

7. 色彩的重量感取决于色彩的色相、明度和彩度三要素。（ ）

8. 混合结构房屋中的墙体只具有承重作用。（ ）

9. 建筑构造是建筑学专业的一门综合性的工程理论科学。（ ）

10. 凡是有温差的地方就一定有热量在传递，并趋向冷热平衡。（ ）

11. 筒体结构是将剪力墙或由柱距小于 3 m 的密柱或高的窗裙深梁的框架集中到房屋内部和外围而形成的空间封密式的筒体，其具有相当大的抗侧刚度。（ ）

12. 把框架和剪力墙结合在一起，共同承受竖向和水平荷载的结构，叫作框架—剪力墙结构。（ ）

13. 我国一般将房屋按其高度分为低层建筑、多层建筑、高层建筑、超高层建筑等几个层次。（ ）

14. 1959 年为迎接国庆 10 周年，北京建造了 10 座重要建筑，其中最主要的是人民大会堂。（ ）

15. 单向板肋形楼盖一般是由板、次梁、主梁组成，楼盖支撑在相应的柱、墙等竖向承重构件上。（ ）

16. 现浇整体式楼盖结构是指直接在建筑的设计地点安装模板、绑扎钢筋、浇筑混凝土所形成的楼盖结构体系。（ ）

17. 砌体结构中的砂浆，是将各单块块材连接成整体共同工作。（ ）

18. 水平简支构件在跨间承受垂直荷载时，该构件将发生弯曲，构件的上部受拉，下部受压，这种构件叫作受弯构件。（ ）

19. 在设计基准期内，其值不随时间变化的荷载叫恒载。（ ）

20. 室内墙面和地面交界处常设踢脚板，其颜色常随地面的颜色。（ ）

21. 彩度不同的色彩相对比，高者显得越高，低者显得越低。（ ）

22. 在幼儿园里，为了迎合儿童心理，常常采用鲜亮色作为室内的主色调。（ ）

23. 从距今7 000多年的河姆渡遗址出土的文物可以看出当时就已有榫卯结构了。（ ）

24. 上海的龙华塔是一座典型的楼阁式砖塔。（ ）

25. 皖南民居布局多依山傍水、粉墙黛瓦，且多用高高的马头山墙，显得文秀素雅。（ ）

26. 古希腊的爱奥尼和科林斯柱象征的是女性美。（ ）

27. 圣索菲亚教堂是拜占庭建筑的代表。（ ）

28. 1851年的伦敦“水晶宫”建成标志着近代建筑的开端。（ ）

29. 日本法隆寺五重塔是一座典型的唐代木构楼阁式塔。（ ）

30. 能够分隔、围合空间的墙叫隔墙。（ ）

31. 门的大小和数量以及开关方向是根据通行能力、使用方便和防水要求决定的；窗用作出入、采光和通风透气，是房屋承重结构的一部分。（ ）

32. 抹灰类墙面饰面是使用砂浆类材料对墙面做一般抹灰，或辅以其他材料，使用不同的操作工具和操作方法做成的饰面层。（ ）

33. 贴面类饰面是指把规格和厚度都比较小的块料粘贴到墙体装饰基层上的一种做法。（ ）

34. 吊式顶棚是通过吊筋、大小龙骨所形成的骨架体系和铺设面层材料而形成的一种顶棚构造方式。（ ）

35. 材料对光的反映体现了材料的色彩。（ ）

36. 建筑给水、排水和消防系统采用的管材和管件应符合现行产品行业标准的要求，管道和管件的工作压力不得大于产品标准标称的允许工作压和温度，生活饮用给水系统的材料必须达到饮用水卫生标准。（ ）

37. 自动喷水灭火系统是指室内发生火灾后自动喷水进行喷水救灾的装置。（ ）

38. 室内排水系统的通气管处于系统的最高端。（ ）

39. 光源发出光的颜色，不会直接影响人的心理感觉。（ ）

40. 人工照明设计的工作内容就是选择电源和进行灯具布置。（ ）

41. 由电容量、电压值、经济性、可靠性因素进行电气线缆的选择。（ ）

42. 建筑装饰材料是建筑材料的一个分支，是建筑装饰装修工程的物质基础。（ ）

43. 水泥是一种气硬性无机胶凝材料。（ ）

44. 陶瓷制品是以砂土为主要原料，经配制、制坯、干燥和焙烧等工艺而制得的成品。（ ）

45. 使用木质基料和其他原料通过人工的方法制作而成的板材叫作人造木质板材。（ ）

46. 建筑涂料是涂刷于饰面的材料。（ ）

47. 税金是指国家税法规定应计入建筑装饰工程造价内的营业税、城市维护建设税及教育费附加。（ ）

48. 编制建筑装饰工程预算，除了相应的设计图样和定额外，必须具备各个阶段的相应的条件。（ ）

49. 木地板的基本要求是：木地板表面洁净，无沾污、磨痕、毛刺的现象，木搁栅安置牢固，木搁栅与地面基层同时做好防水、防腐处理，地板铺设无松动，行走时无明显响声。（ ）

50. 当空间高度不小于3 500 mm时就应做各种各样的吊顶来美化空间的造型。（ ）

51. 煤气管一般采用镀锌焊接钢管。（ ）

52. 对灯具的施工质量情况，通过开灯观察检查就可。（ ）

53. 素描就是用简单的线条把物体和空间的关系表达出来。（ ）

54. 面在立体构成中是一种多功能的形态，既可以作围合的材料，又可以起分割空间的作用。（ ）

55. 水彩表现技法主要有平涂、叠加和渲染等手法。（ ）

56. 圆的透视图形为椭圆。（ ）

57. 镜像投影是以假象的水平剖切面为镜面，画出镜面上的倒影图像而得出的。（ ）

58. 室内装饰施工图中的设计说明，主要说明方案的设计理念与方案的特点。（ ）

59. 八点法画圆面透视图形中的八点，是指圆外切正方形上的八个点。（ ）

60. 在AutoCAD绘图软件中进行图形打印，一般只要在命令行输入PLOT。（ ）

得分	
评分人	

二、单项选择题（第1题～第140题。选择一个正确的答案，将相应的字母填入题内的括号中。每题0.5分，满分70分）

1．更改对象的打印样式，就能替代对象原有的颜色、线型和（　　）。

A．图形　　B．样式　　C．线宽　　D．图纸

2．用AutoCAD绘制室内装饰大样图的比例通常选用（　　）。

A．1∶100　　B．1∶10　　C．1∶50　　D．1∶500

3．在AutoCAD中，交叉窗口选择方式的操作方法为（　　）选择。

A．自上而下　　B．自右而左　　C．自左向右　　D．自下而上

4．装修标准图的编制必须达到（　　）相应的规范要求。

A．单位　　B．地方　　C．个人　　D．国家

5．墙面上的门窗套在装饰施工图中应标明其构造尺寸、材料的（　　）、相应的尺寸与标高。

A．名称　　B．规格　　C．色彩　　D．名称、规格、色彩

6．装饰施工平顶平面图中，（　　）标注装修材料的规格与色彩。

A．不必　　B．应　　C．必须　　D．任意

7．装饰方案设计中的室内立面图，对于背景中的固定家具（　　）绘出其形式。

A．可以　　B．须　　C．不必　　D．根据具体情况

8．装饰方案设计中的平面布置图，（　　）标明各空间地面标高。

A．要　　B．可　　C．不必　　D．随意

9．方案设计的主要依据是（　　）。

A．设计任务书　　B．周围环境情况

C．设计者的思路　　D．当地材料与设备的供应情况

10．（　　）的设计说明主要表达设计的理论、方案的特点等内容。

A．方案图设计　B．施工图设计　C．修改图设计　D．竣工图

11．建筑剖面图用来表达建筑物内部（　　）、分层情况、各层高度及各部位的相互

关系。

A. 主要结构和构造方式　　B. 主要结构

C. 构造方式　　D. 承重方式

12. 建筑平面图根据设计阶段不同分为方案图、扩初图和（　　）。

A. 翻样图　　B. 施工图　　C. 修改图　　D. 竣工图

13. 剖切符号由剖切位置线及剖切方向线组成，均应以（　　）线绘制。

A. 实　　B. 粗实　　C. 中实　　D. 细实

14. 制图中长仿宋体字间距约为字高的（　　）。

A. 1/2　　B. 1/3　　C. 1/4　　D. 1/5

15. 色彩线条并列，有规律地组织线条，产生面的效果是（　　）方法。

A. 交叠　　B. 染线　　C. 排笔　　D. 留白

16. 马克笔用笔方法有（　　）。

A. 排笔、染线、交叠　　B. 染线、交叠

C. 排笔、染线　　D. 以上均不是

17. 运用退晕的表现技法，在叠色前应让前色（　　）时才叠加。

A. 已干　　B. 基本干　　C. 未干　　D. 刚画完

18. 局部处理和较为粗糙的质地应用（　　）处理。

A. 笔触法和退晕法　　B. 笔触法

C. 退晕法　　D. 干画法

19. 附着力强，有优越的不褪色性能，即使涂擦也不会使线条模糊是（　　）工具。

A. 蜡基质铅笔　　B. 水溶性铅笔　　C. 铅笔　　D. 马克笔

20. （　　）是彩色铅笔的主要特性。

A. 处理细部　　B. 突出局部　　C. 体现明暗调子　　D. 色彩饱和

21. 天然采光效果主要取决于采光部位、（　　）的面积大小的和布置形式。

A. 建筑　　B. 室内空间　　C. 房间　　D. 采光口

22. 色彩的心理作用主要表现在它的悦目性和情感性两个方面，它可以给人美感，影响人的情绪，引起（　　），具有象征作用。

A. 联想　　B. 梦想　　C. 畅想　　D. 幻想

23. 就色相的组合来看，主要可以分为近似色组合和（　　）。

A. 同色组合　　B. 异色组合　　C. 对比色组合　　D. 减色组合

24. 对比色彩互补时，两色的纯度（　　）。

A. 减弱　　B. 提高

C. 一方更纯、一方更弱　　D. 一方不变、一方更弱

25. 孟塞尔色系中主色为（　　）种。

A. 3　　B. 4　　C. 5　　D. 6

26. 立体构成所用的材料大致可分为（　　）类。

A. 两　　B. 三　　C. 四　　D. 五

27. 立体构成的材料特性有很多方面，但主要有三个特性，即力学特性、（　　）、视觉特性。

A. 美学特性　　B. 物理特性　　C. 质量和加工特性　　D. 光学特性

28. 尺度规定了事物在（　　）中所占的比例。

A. 区域　　B. 空间　　C. 环境　　D. 室内

29. 立体构成的基本要素为（　　）。

A. 色彩　　B. 材料　　C. 圆　　D. 块

30. 变异构成的主要变异方法有形式变异和（　　）。

A. 形象变异　　B. 块面变异　　C. 曲直变异　　D. 色彩变异

31. 面可分为（　　）两种。

A. 大面和小面　　B. 几何形和任意形

C. 圆和点　　D. 以上均不是

32. 速写就是用（　　）的速度表现对象。

A. 一般　　B. 较快　　C. 较慢　　D. 以上均是

33. 灯具在安装前应先检查其规格、型号、品种、数量、色差以及有无损坏现象，并有（　　）。

A. 合格证书　　B. 产品出厂合格证书

C. 安装说明书　　D. 产品出厂合格证书和安装说明书

34. 坐便器安装时必须采用专用密封圈，与地面固定必须用不锈钢膨胀螺钉，固定后坐便器与地面接口处用（　　）封口。

A. 防水防霉的密封胶　　B. 水泥浆

C. 水泥砂浆　　D. 混合砂浆

35. 常规污水管水平接口都在（　　），施工时必须做好密封盖的密封工作。

A. 楼板下　　B. 楼板中　　C. 楼板上　　D. 楼板上或楼板下

36. 给水管安装（　　）管道的走向、坡度等合理数据。

A. 不必考虑　　B. 必须考虑　　C. 可以考虑　　D. 视情况考虑

37. 镶贴墙面面砖的施工温度（　　）。

A. 不得低于5℃　　B. 不得低于0℃

C. 应该在15℃以上　　D. 为0～5℃

38. 装饰工程施工图预算的单位估价法，是根据各分部分项工程的工程量，按当地人工工资标准、材料预算价格及机械台班费等预算定额基价或地区单位估价表，计算预算定额直接费，并由此计算（　　）以及其他费用，最后汇总得出整个工程造价的方法。

A. 间接费　　B. 计划利润

C. 税金　　D. 间接费、计划利润、税金

39. 建筑装饰工程地区单位估价表一般由（　　）编制。

A. 政府　　B. 地区　　C. 行业　　D. 企业

40. 建筑琉璃产品的质量水平分为（　　）等级。

A. 合格一个　　B. 优良、合格两个

C. 优良、一等、合格三个　　D. 优良、一等、二等、三等四个

41. 大理石板材的质量等级分为（　　）等级。

A. 合格一个　　B. 优良、合格两个

C. 优等品、一等品和合格品三个　　D. 优等品、一等品、合格品和不合格品四个

42. 建筑装饰材料的发展趋势之一为：由天然材料向（　　）方向发展。

A. 符合建筑　　B. 人造材料　　C. 原始　　D. 友好型

43. 设计中选择装饰材料的主要原则为：材料的安全性、外观装饰性、功能性、（　　）。

A. 经济性　　B. 可购买性　　C. 业主的爱好性　　D. 施工方便性

44. 建筑装饰材料是建筑装饰装修工程的（　　）基础。

A. 物质　　B. 经济　　C. 技术　　D. 物质与技术

45. 荧光灯是种低压汞蒸气放电灯，主要靠汞蒸气放电时激发管内壁的（　　）发光，改变荧光粉的成分即可获得不同的可见光谱。

A. 颜料　　B. 荧光粉　　C. 电子　　D. 光子

46. 洗脸盆边缘至对面的墙边距离至少为（　　）mm。

A. 360　　B. 460　　C. 560　　D. 660

47. 一般情况下，室内生活给水系统和消防给水系统宜（　　）设置。

A. 分开　　B. 联合　　C. 任意　　D. 串联

48. 室内给水管道，应选用耐腐蚀和安装方便可靠的管材，（　　）不可用。

A. 塑料管　　B. 铜管　　C. 一般铁管　　D. 不锈钢管

49. 照明方式有一般照明、分区一般照明、（　　）和混合照明四种类型。

A. 集中照明　　B. 局部照明　　C. 定点照明　　D. 移动照明

50. （　　）为室内水平面上某一点的天然光所产生的照度与同一时间、同一地点，在室外全云天水平面上天然照度的百分比。

A. 采光系数　　B. 反射系数　　C. 光照系数　　D. 透光系数

51. （　　）对光的反映为定向透射。

A. 玻璃　　B. 镜面金属板　　C. 石膏　　D. 油漆饰面

52. 根据传热机理的不同，有（　　）三种基本的传热形式。

A. 导热、对流、辐射　　B. 导热、对流、发散

C. 传递、对流、辐射　　D. 导热、交换、辐射

53. 影响室内热环境的室外热湿作用是指与（　　）密切相关的五大气候因素：太阳辐射、空气温度、空气湿度、风和降水。

A. 建筑物　　B. 人体　　C. 设备措施　　D. 环境

54．室内设计根据设计的进程，通常可分为（　　）个阶段。

A．3　　B．5　　C．7　　D．9

55．大型吊灯的安装方式为（　　）。

A．必须单独设吊筋安装　　B．固定在主龙骨上

C．固定在次龙骨上　　D．固定在面层上

56．地毯自身的构造层次为：面层、（　　）、初级背层和次级背层。

A．黏结层　　B．隔离层　　C．垫层　　D．防潮层

57．人对室内空间的感受除了受室内空间的形状和容积影响外，还受一些其他因素，如明暗、（　　）、装饰效果等影响。

A．意境　　B．材质　　C．色彩　　D．气氛

58．木质立筋罩面板装饰墙面中，为了防止墙体的潮气使面板出现开裂变形、钉锈和霉面及燃烧，必须进行必要的（　　）处理。

A．防潮　　B．防腐　　C．防火　　D．防潮、防腐、防火

59．内外墙面砖的吸水率高低，能够影响到（　　）。

A．面砖与基层的黏结力　　B．面砖的抗冻性

C．面砖的耐污性　　D．面砖的抗冻性、耐污性与基层的黏结力

60．墙面抹灰装饰中，墙面护角线的高度一般为（　　）mm。

A．900～1 200　　B．1 200～1 500

C．1 800～2 000　　D．2 000～2 500

61．为了通过内墙装饰美化室内环境，内墙与顶面、地面（　　）构成室内装饰界面，同时对家具和陈设起衬托的作用。

A．协调一致共用　　B．分别

C．合并共同　　D．无所谓

62．依前后方向开门，并在房间内开关，叫（　　）。

A．平开门　　B．内平开门　　C．外平开门　　D．推拉门

63．用细石混凝土、防水砂浆、防水涂料在屋面结构上形成的防水层叫（　　）防水屋面。

A. 柔性　B. 刚性　C. 坡面　D. 自防水

64. 楼梯段扶手高度为（　）的垂直距离，一般为900 mm。

A. 踏步面到扶手高度　B. 踏步面到扶手面

C. 踏步面中心到扶手顶面　D. 踏步口到扶手面

65. 对于处在室内高、室外低的外墙，墙身防潮层应设在（　）。

A. 地坪以上　B. 地面以下

C. 地面与地坪中间　D. 低于室内地坪60 mm

66.（　）基础属于柔性基础，不受刚性角的限制影响承载能力。

A. 砖　B. 钢筋混凝土

C. 毛石　D. 混凝土

67.（　）为建筑物的空间结构形式。

A. 砖混合物　B. 框架结构

C. 网架、悬索　D. 木梁柱结构

68. 在框架—剪力墙结构体系中，竖向荷载主要由（　）承受。

A. 梁　B. 柱　C. 框架　D. 剪力墙

69. 剪力墙在竖向应（　），确保剪力墙的刚度不发生突变。

A. 贯通全高　B. 开设上下错位到洞口

C. 呈刀把形　D. 不连续

70. 楼（屋）盖等竖向荷载一部分由横墙承重，一部分由纵墙承重，这种承重方案叫作（　）承重体系。

A. 横墙　B. 纵墙　C. 纵横墙　D. 内框架

71. 上海的龙华塔始建于（　），是一座典型的楼阁式砖木塔。

A. 唐代　B. 宋代　C. 明代　D. 清代

72. 北京天坛祈年殿屋顶形式为（　）。

A. 三重檐四角攒尖　B. 三重檐圆攒尖

C. 三重檐八角攒尖　D. 三重檐方攒尖

73. 有史前建筑用石块垒成，外形如同蜂窝，被发现于苏格兰，人们称其为（　）。

A. 蜂窝形石屋　　B. 石屋

C. 穴居　　D. 巢居

74. 有史前建筑用石块垒成，外形如同蜂窝，被发现于（　　），人们称为蜂窝形石屋。

A. 波兰　　B. 英国　　C. 苏格兰　　D. 丹麦

75. 拜占庭建筑的代表是（　　）。

A. 圣彼得教堂　　B. 圣保罗教堂

C. 比萨大教堂　　D. 圣索菲亚教堂

76. 炫耀财富、标新立异、趋向自然及表现出欢乐的气氛是（　　）建筑的四个特点。

A. 巴洛克　　B. 哥特式　　C. 文艺复兴　　D. 罗马风

77. 古代的太阳神庙和月亮神庙由古（　　）人所建，位于今墨西哥。

A. 印第安人　　B. 希腊　　C. 埃及　　D. 罗马

78. 上海浦东的金茂大厦高（　　）m。

A. 421　　B. 500　　C. 221　　D. 321

79. 建筑设计中把握（　　）是最重要的，但同时还要把握空间大小。

A. 功能　　B. 造型　　C. 材料　　D. 环境设计

80. （　　）设计开始需与其他工种配合，如结构、水、暖、电设备等。

A. 方案　　B. 扩初　　C. 施工　　D. 施工图

81. （　　）包括设计的建筑总面积、层数、房间构成、房间面积及层高等。

A. 规范　　B. 标准　　C. 任务书　　D. 规定

82. 人体外感官中居首位的是（　　）。

A. 视觉　　B. 听觉　　C. 嗅觉　　D. 味觉

83. 在室内，家居布置必须留有活动最小的空间，如通道宽为（　　）mm。

A. 760 ~ 900　　B. 900 ~ 950

C. 950 ~ 1 000　　D. 大于 1 000

84. 室内装修具有（　　）及最终完工的意思，它着重于工程技术、材料选用、施工工艺和构造做法。

A. 工艺艺术　B. 施工过程　C. 工程技术　D. 环境改造

85. 太阳神庙中最著名的是（　　）。

A. 卡纳克　B. 鲁克索　C. 阿布辛波　D. 德·埃巴哈利

86. 外滩最后建成的一座建筑是（　　）。

A. 交通银行（今上海市总工会）　B. 上海海关

C. 汇丰银行（今浦发银行）　D. 和平饭店

87. 建筑设计首先应当着眼于如何更好地提供人们生活活动的（　　）。

A. 环境　B. 场所　C. 区域　D. 空间

88. 一般的建筑设计是以功能为主，先设计（　　），再确定建筑的剖面和立面造型。

A. 风格　B. 形式　C. 平面　D. 环境

89. 人体和室内空间环境的关系包括室内空间装修、家具与陈设、生理学、心理学和（　　）。

A. 艺术学　B. 空间美学

C. 空间心理学　D. 环境心理学

90. 依据人体尺度和功能尺寸设计各类型椅面与靠背的夹角，沙发椅面夹角是（　　）。

A. 6°/105°　B. 14°/115°　C. 23°/127°　D. 10°/110°

91. 室内热环境、声环境、光环境设计属于室内（　　）设计范畴。

A. 生态环境　B. 心理环境

C. 物理环境　D. 视觉环境

92. 人们到餐厅就餐时，总是尽量选择远离门口及通道处就座，这是人在室内环境中（　　）心理行为。

A. 尽端趋向　B. 私密性

C. 边界依托感　D. 趋光

93. 我国传统的匾联、书画字轴、浮雕绘画作品属于（　　）的陈列方式。

A. 柜架展示　B. 壁龛陈设

C. 桌面陈设　D. 墙面装饰

94. （　　）是 AutoCAD 用于修改打印图形的外观。

A. 打印对象　　B. 打印样式

C. 打印图形　　D. 打印图纸

95. 椭圆透视作图中，应找出椭圆（　）的四个切点。

A. 外切正方形　　B. 外切矩形

C. 外切三角形　　D. 矩形

96. 在立方体的余角透视场景图中，立方体的水平面消失在（　）上。

A. 地平线　　B. 过左余点的垂线

C. 过右余点的垂线　　D. 垂直线

97. 使用管道煤气时，煤气灶应使用耐油耐压的连接软管，长度应（　）。

A. 小于1 000 mm　　B. 大于1 000 mm

C. 不大于2 000 mm　　D. 大于2 000 mm

98. 裱糊作业的施工环境湿度在65%～70%，温度控制在（　）℃。

A. 5～30　　B. 15～30　　C. 0～15　　D. 5～25

99. 粘贴大理石地面时，应先（　），以控制石材的色泽和花纹的和谐。

A. 选料　　B. 试排　　C. 试贴　　D. 选料试排

100. 建筑琉璃产品的质量水平分为（　）等级。

A. 合格一个　　B. 优良、合格两个

C. 优良、一等、合格三个　　D. 优良、一等、二等、三等四个

101. 劈裂砖具有的最显著特点是（　）。

A. 吸水率高　　B. 耐磨防滑

C. 自然断口质感强　　D. 耐酸

102.（　）为有机装饰材料。

A. 水泥　　B. 石膏　　C. 塑料　　D. 石材

103. 各种电线电缆的最大允许载流量，是在环境温度为25℃的空气中敷设时标示的，如果导线穿在保护套内，或导线周围温度上升，则导线的允许载流量就会（　）。

A. 上升　　B. 下降　　C. 不变　　D. 有时上升

104. 光源发出的光线的色调与光源的温度有关，通常高色温光源发出的光线是（　）

的光。

A. 冷色调　　B. 热色调

C. 暖色调　　D. 低色调

105. 在室内连成环状的供水管网中，（　）引入管上均设置水表和逆止阀。

A. 每条　　B. 其中一条

C. 选择一条　　D. 绝大部分

106. 由于同频率的声音在空间不同点的振幅大小不同，声级就不同，因此使人们感到（　）。

A. 出现混响　　B. 音质失真

C. 声音敏感度减弱　　D. 音量降低

107. 在天然光的采光设计中，采用（　）作为室外光气候的模型。

A. 全晴天　B. 全云天　C. 半阴天　D. 半晴天

108. 在不同的热环境中，人们的热感分为很冷、冷、稍冷、舒适、（　）七个等级。

A. 稍热、热、很热　　B. 稍舒适、不舒适、很不舒适

C. 稍好、不好、很不好　　D. 可以、稍可以、不可以

109. 按照基础的形状形式，由成片的钢筋混凝土板支撑着整个建筑，这种基础叫（　）基础。

A. 条形　B. 杯形　C. 独立　D. 满堂

110. 井式楼盖一般是由（　）与交叉梁组成的楼盖，交叉梁在交点处不设柱子。

A. 单向板　B. 双向板　C. 悬挑板　D. 多向边

111. 钢筋混凝土柱截面的最小尺寸为（　）。

A. 200 mm×200 mm　　B. 200 mm×250 mm

C. 250 mm×250 mm　　D. 150 mm×300 mm

112. 当同一界面采用不同的材料和色彩时，可以在交界处做成不同形式的接缝，其宽度为（　）mm。

A. 1~2　B. 3~5　C. 5~7　D. 6~8

113. 古罗马建筑的类型主要有神庙、角斗场、（　）。

A. 凯旋门　　　　B. 输水道

C. 浴场　　　　D. 凯旋门、输水道、浴场

114. （　　）维琴察的圆厅别墅是文艺复兴建筑的代表。

A. 法国　　B. 英国　　C. 意大利　　D. 俄罗斯

115. 1851 年的伦敦（　　）建成标志着近代建筑的开端。

A. 埃菲尔铁塔　　　　B. 水晶宫

C. 机械展览馆　　　　D. 国会大厦

116. 1959 年为迎接国庆 10 周年，北京建造了 10 座重要建筑，其中最主要的是（　　）。

A. 革命历史博物馆　　　　B. 军事博物馆

C. 人民大会堂　　　　D. 农业展览馆

117. （　　）图中的道路要分出车道和人行走的小路。

A. 平面　　B. 总平面　　C. 方案　　D. 规划

118. 人体外感官舒适性的五效应，即视觉、听觉、嗅觉、味觉和（　　）效应。

A. 体觉　　B. 肤觉　　C. 口觉　　D. 心觉

119. 室内设计中，室内物理环境主要有（　　）、声环境、光环境。

A. 热环境　　　　B. 内环境

C. 外环境　　　　D. 冷环境

120. 家具的物质功能有（　　）、分隔空间、填补空间、间接扩大空间等作用。

A. 编织空间　　　　B. 细化空间

C. 美化空间　　　　D. 组织空间

121. 室内设计常见的方法有两种：先功能后形式或者是（　　）。

A. 先形式后功能　　　　B. 先平面后立面

C. 先改造后完善　　　　D. 先平面后立体

122. 人们常常称（　　）为“灰空间”。

A. 虚拟空间　　　　B. 过渡空间

C. 真实空间　　　　D. 可变空间

123. 平板吊顶一般采用 PVC 板、（　　）、矿棉吸音板、玻璃纤维板、玻璃等材料。

A. 石膏板　　B. 石板　　C. 木板　　D. 陶瓷板

124. 人工光源一般有三种：白炽灯、（　　）、高压气体放电灯。

A. 汞灯　　B. 钠灯　　C. 钨丝灯　　D. 荧光灯

125. （　　）让人产生蓝天、大海、南国的联想。

A. 蓝色　　B. 橙色　　C. 黄色　　D. 绿色

126. 纵向外力的作用点方向与构件的轴线不重合时，称为（　　）构件。

A. 受弯　　B. 轴向受力

C. 偏心受力　　D. 受剪

127. 在肋形楼盖中，次梁的间距就是板的跨度，次梁的跨度就是（　　）。

A. 主梁的间距　　B. 主梁的跨度

C. 板的长度　　D. 板的厚度

128. 门窗洞口的顶部，应根据（　　）采用合理的过梁结构形式。

A. 高度　　B. 宽度

C. 荷载　　D. 宽度、荷载、艺术造型

129. 改善室内使用环境对于墙面装饰来讲，首先应从（　　）上满足人们的需要。

A. 使用功能　　B. 视觉美观

C. 隔热保温　　D. 手足触摸感觉

130. （　　）照明是指只在工作点附近设置灯具。

A. 一般　　B. 分区一般　　C. 局部　　D. 混合

131. 自动喷水灭火系统一般由水源、加压储水设备、管网、（　　）和报警装置组成。

A. 水龙头　　B. 喷头

C. 喷水控制器　　D. 开关

132. 细木工板的芯板用（　　）拼接制成，上下表面用木质单板或三夹板胶粘热压而成。

A. 纤维板　　B. 木条　　C. 木丝板　　D. 竹条

133. 一般情况下，墙面涂料（　　）用于地面涂刷。

A. 可以　　B. 不可以

C. 偶尔可以　　D. 有时可以

134. 对于木龙骨吊顶的骨架，要进行（　　）处理。

A. 防火　　B. 防坠落　　C. 防腐　　D. 防潮

135. 用简单的线条把物体和空间关系表达出来叫（　　）。

A. 色彩　　B. 素描　　C. 速写　　D. 雕塑

136. 在建筑和室内方面，AutoCAD 的主要功能在于（　　）。

A. 绘制平面、立面、剖面方案图

B. 建模

C. 效果图后期处理

D. 渲染

137. 秦代建筑三大成就有万里长城、阿房宫、（　　）。

A. 秦始皇陵　　B. 天坛　　C. 地坛　　D. 大明宫

138. 著名的佛塔大雁塔和小雁塔是（　　）的建筑。

A. 秦代　　B. 宋代　　C. 唐代　　D. 汉代

139. 我国江南一带建筑风格（　　）。

A. 秀美　　B. 雄健　　C. 奇特　　D. 庄严

140. 古埃及最大的金字塔是位于（　　）附近的吉萨金字塔群中的齐奥普斯金字塔。

A. 开罗　　B. 罗马　　C. 爱琴海　　D. 古希腊

室内装饰设计员（四级）理论知识试卷答案

一、判断题（第1题～第60题。将判断结果填入括号中。正确的填"√"，错误的填"×"。每题0.5分，满分30分）

1. √	2. √	3. √	4. ×	5. ×	6. √
7. √	8. ×	9. ×	10. √	11. √	12. √
13. ×	14. √	15. √	16. √	17. ×	18. ×
19. √	20. √	21. √	22. √	23. √	24. ×
25. √	26. √	27. √	28. √	29. √	30. √
31. ×	32. √	33. √	34. √	35. ×	36. √
37. ×	38. √	39. ×	40. ×	41. ×	42. √
43. ×	44. ×	45. √	46. ×	47. √	48. ×
49. √	50. ×	51. ×	52. ×	53. √	54. √
55. √	56. ×	57. √	58. ×	59. ×	60. √

二、单项选择题（第1题～第140题。选择一个正确的答案，将相应的字母填入题内的括号中。每题0.5分，满分70分）

1. C	2. B	3. B	4. D	5. D	6. C
7. B	8. A	9. A	10. A	11. A	12. B
13. B	14. C	15. C	16. A	17. C	18. D
19. A	20. A	21. D	22. A	23. C	24. B
25. C	26. A	27. C	28. B	29. B	30. A
31. B	32. B	33. D	34. A	35. A	36. D
37. A	38. D	39. B	40. C	41. C	42. B
43. A	44. A	45. B	46. B	47. A	48. C
49. B	50. A	51. A	52. A	53. A	54. B
55. A	56. A	57. C	58. D	59. D	60. C

61. A	62. B	63. B	64. C	65. D	66. B
67. C	68. C	69. A	70. C	71. B	72. B
73. A	74. C	75. D	76. A	77. A	78. A
79. A	80. B	81. C	82. A	83. A	84. B
85. A	86. A	87. D	88. C	89. D	90. B
91. C	92. A	93. D	94. B	95. B	96. A
97. C	98. B	99. D	100. C	101. C	102. C
103. B	104. A	105. A	106. B	107. B	108. A
109. D	110. B	111. C	112. B	113. D	114. C
115. B	116. C	117. B	118. B	119. A	120. D
121. A	122. B	123. A	124. D	125. A	126. C
127. A	128. D	129. A	130. C	131. B	132. B
133. B	134. A	135. B	136. A	137. A	138. C
139. A	140. A				

第 6 部分

操作技能考核模拟试卷

注 意 事 项

1. 考生根据操作技能考核通知单中所列的试题做好考核准备。

2. 请考生仔细阅读试题单中具体考核内容和要求，并按要求完成操作或进行笔答或口答，若有笔答请考生在答题卷上完成。

3. 操作技能考核时要遵守考场纪律，服从考场管理人员指挥，以保证考核安全顺利进行。

注：操作技能鉴定试题评分表及答案是考评员对考生考核过程及考核结果的评分记录表，也是评分依据。

国家职业资格鉴定

室内装饰设计员（四级）
操作技能考核通知单

姓名：

准考证号：

考核日期：

试题 1

试题代码：1. 1. 10。

试题名称：手工抄绘居住建筑室内装饰设计方案图纸 10。

考核时间：180 min。

配分：50 分。

试题 2

试题代码：1. 2. 10。

试题名称：用 CAD 软件临摹居住建筑室内装饰设计方案图纸 10。

考核时间：180 min。

配分：50 分。

室内装饰设计员（四级）操作技能鉴定

试　题　单

试题代码：1. 1. 10。

试题名称：手工抄绘居住建筑室内装饰设计方案图纸10。

考核时间：180 min。

1. 操作条件

（1）教室课桌椅，每名考生一套独立课桌椅。

（2）绘图板、鉴定用纸、丁字尺（由鉴定单位准备）。

（3）绘图水笔、绘图模板、三角尺、比例尺、橡皮、针管笔、铅笔（考生自备）。

2. 操作内容

根据给出的房型图（见附图1. 1. 10）按比例抄绘平面布置图（1∶50）、顶面布置图（1∶50）、主要立面图（1∶20）。

3. 操作要求

（1）根据JGJ/T 244—2011《房屋建筑室内装饰装修制图标准》要求绘制。

（2）按照给定的室内装饰设计方案中图形样例的尺寸进行抄绘。

（3）该住宅房型尺寸以图中标注为准，未标注尺寸请按比例确定。

（4）图纸布局合理，图面整洁，图纸必须采用黑色墨线绘制，层次分明。

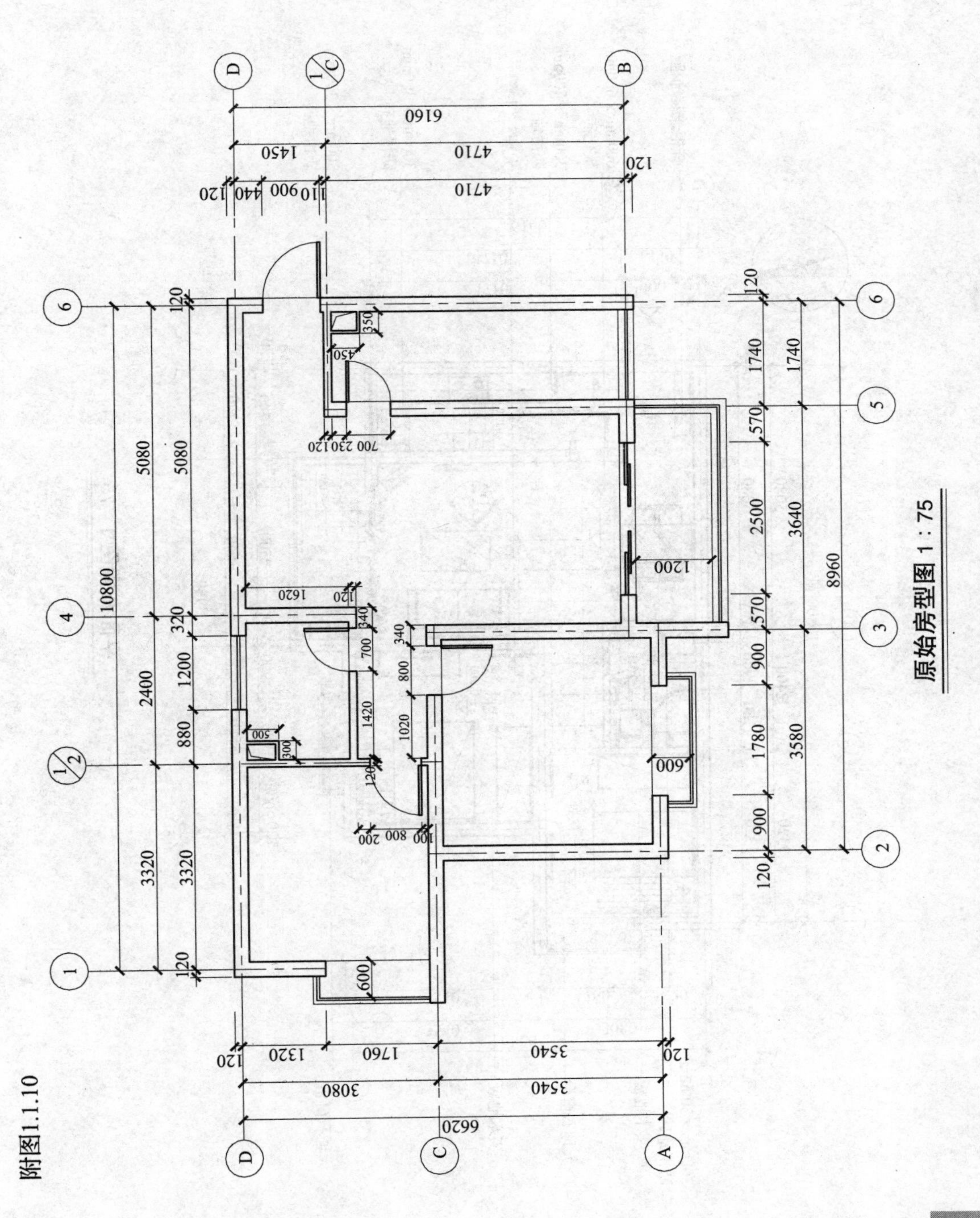

附图1.1.10

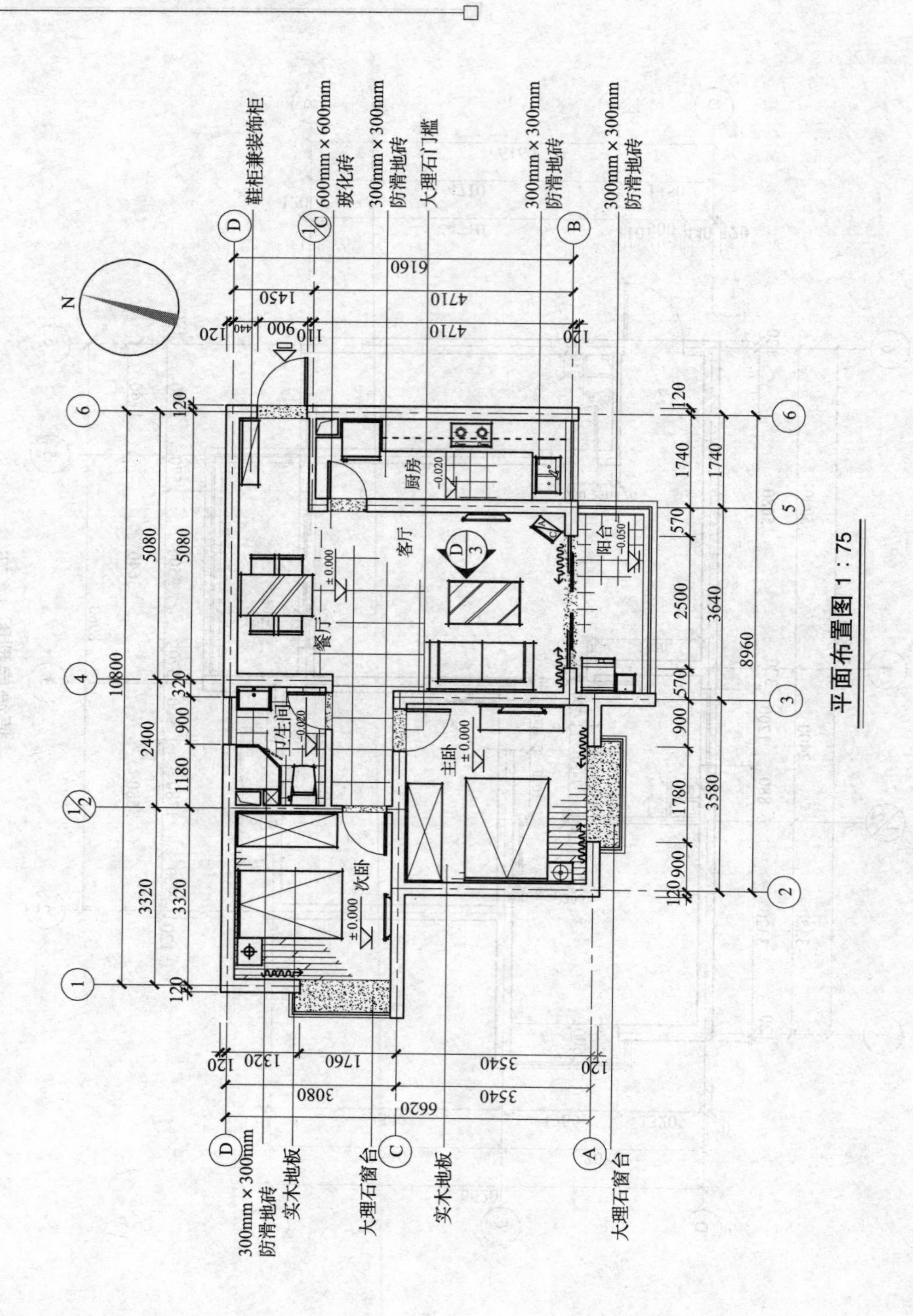
鞋柜兼装饰柜
600mm×600mm 玻化砖
300mm×300mm 防滑地砖
大理石门槛
300mm×300mm 防滑地砖
300mm×300mm 防滑地砖
厨房
客厅
餐厅
阳台
卫生间
主卧
次卧
300mm×300mm 防滑地砖
实木地板
大理石窗台
实木地板
大理石窗台
N

平面布置图 1：75

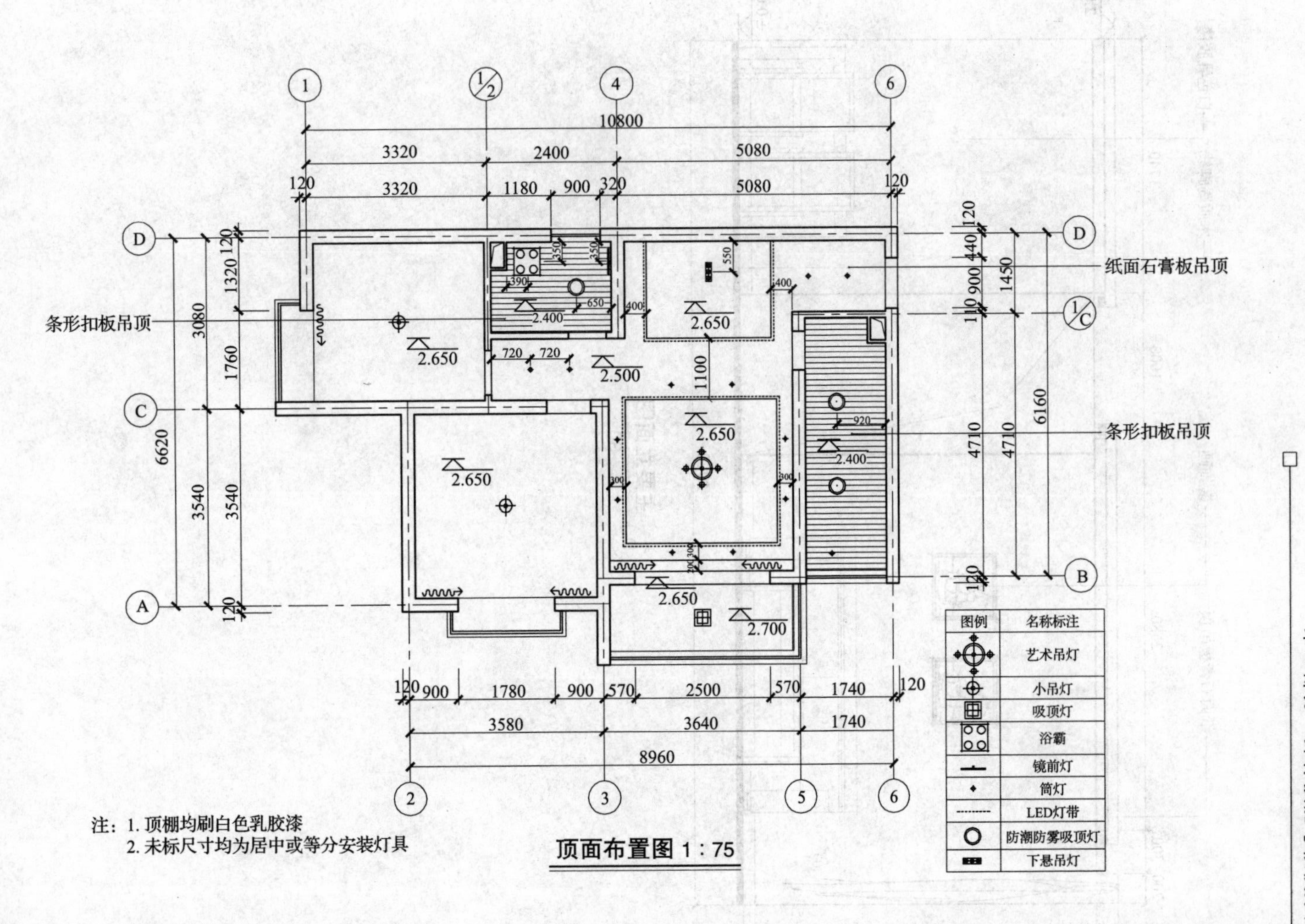
纸面石膏板吊顶
条形扣板吊顶
条形扣板吊顶
2.650
2.500
2.400
2.700
10800
8960
6620
6160
图例
名称标注
艺术吊灯
小吊灯
吸顶灯
浴霸
镜前灯
筒灯
LED灯带
防潮防雾吸顶灯
下悬吊灯
注：1. 顶棚均刷白色乳胶漆
2. 未标尺寸均为居中或等分安装灯具
顶面布置图 1：75

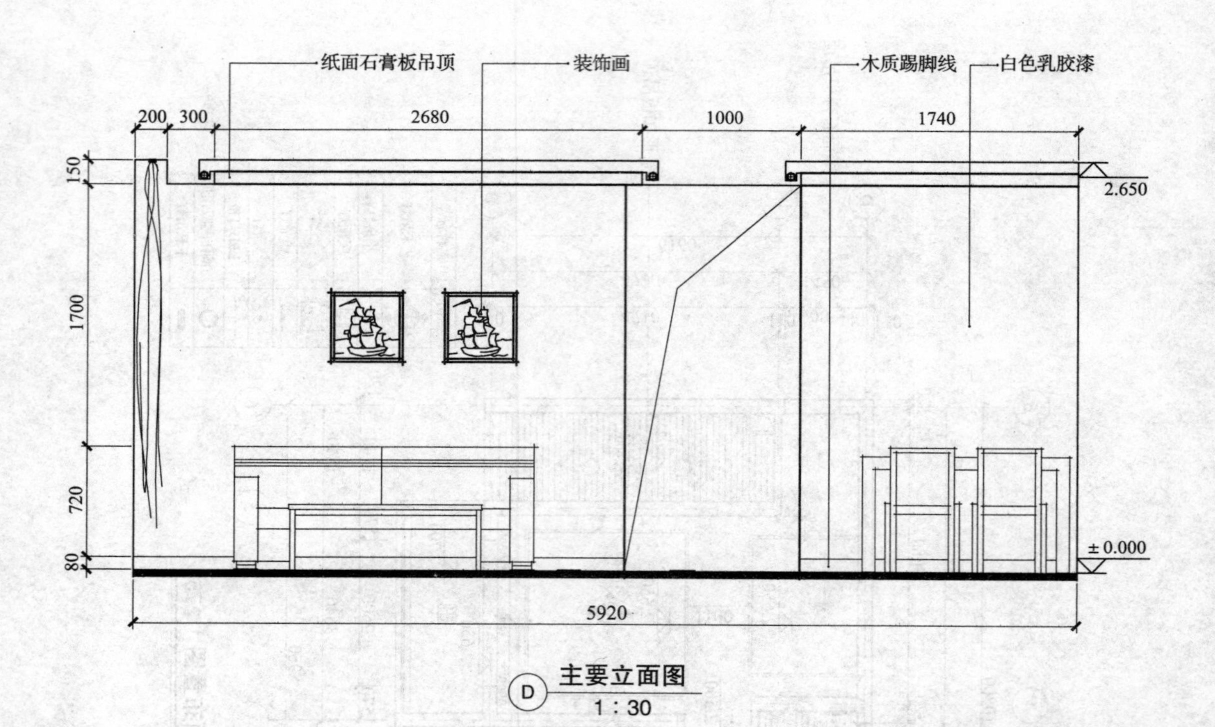
纸面石膏板吊顶
装饰画
木质踢脚线
白色乳胶漆
200
300
2680
1000
1740
150
1700
720
80
2.650
±0.000
5920
D
主要立面图
1：30

室内装饰设计员（四级）操作技能鉴定

试题评分表及答案

考生姓名：　　　　　　　　　　　　　　　　准考证号：

试题代码及名称		1.1.10　手工抄绘居住建筑室内装饰设计方案图纸 10			考核时间	180 min
评价要素		配分	分值	评分标准	得分	
1	平面布置图	22	8	房型构成及比例正确，每错一处扣 1 分，扣完为止		
			2	墙体比例正确，每错一处扣 0.2 分，扣完为止		
			2	家具比例及摆放正确，每错一处扣 0.2 分，扣完为止		
			2	线型正确，每错一处扣 0.2 分，扣完为止		
			2	尺寸标注正确，每错一处扣 0.2 分，扣完为止		
			2	地面材质标注正确，每错一处扣 0.2 分，扣完为止		
			2	文字标注正确，每错一处扣 0.2 分，扣完为止		
			2	符号标注正确，每错一处扣 0.2 分，扣完为止		
2	顶面布置图	16	4	房型构成及比例正确，每错一处扣 1 分，扣完为止		
			2	墙体比例正确，每错一处扣 0.2 分，扣完为止		
			2	灯具图例正确，每错一处扣 0.2 分，扣完为止		

续表

试题代码及名称		1.1.10 手工抄绘居住建筑室内装饰设计方案图纸10			考核时间	180 min
评价要素		配分	分值	评分标准	得分	
2	顶面布置图	16	2	线型正确，每错一处扣0.2分，扣完为止		
			2	尺寸标注及标高标注正确，每错一处扣0.2分，扣完为止		
			4	吊顶画法及顶面布置正确，每错一处扣0.5分，扣完为止		
3	主要立面图	8	4	立面与平面位置对应、比例正确，每错一处扣1分，扣完为止		
			2	线型及尺寸标注正确，每错一处扣0.2分，扣完为止		
			2	家具样式及比例正确，每错一处扣0.2分，扣完为止		
4	总体效果	4	2	画法老练，每错一处扣0.5分，扣完为止		
			2	整体美观，每错一处扣0.5分，扣完为止		
合计配分		50	合计得分			

考评员（签名）：

室内装饰设计员（四级）操作技能鉴定

试　题　单

试题代码：1. 2. 10。

试题名称：用 CAD 软件临摹居住建筑室内装饰设计方案图纸 10。

考核时间：180 min。

1．操作条件

（1）台式计算机。

（2）使用 AutoCAD 软件。

（3）图形样例：见附图 1. 2. 10. dug。

2．操作内容

按照附图中已给的室内装饰设计方案图形，操作 AutoCAD 软件对除原始房型图外的所有样例图形进行临摹绘制。

3．操作要求

（1）图形规范符合 JGJ/T 244—2011《房屋建筑室内装饰装修制图标准》。

（2）正确使用 AutoCAD 软件。

（3）按照给定的室内装饰设计方案图形样例尺寸进行准确绘制。

（4）文件存储到指定目录下（文件名称以“机器号 + 准考证号”命名）。

题目详见：原始房型图、平面布置图、顶面布置图、主要立面图。

室内装饰设计员（四级）操作技能鉴定

试题评分表及答案

考生姓名：　　　　　　　　　　　　　　　准考证号：

试题代码及名称		1.2.10　用CAD软件临摹居住建筑室内装饰设计方案图纸10		考核时间	180 min
评价要素		配分	分值	评分标准	得分
1	平面布置图	26	6	图层样式设定及线型比例正确，每错一处扣1分，扣完为止	
			4	房型正确，每错一处扣1分，扣完为止	
			5	标注样式设定及尺寸标注正确，每错一处扣1分，扣完为止	
			5	家具尺寸及样式准确完整，每错一处扣0.5分，扣完为止	
			2	材质填充正确，每错一处扣0.5分，扣完为止	
			2	文字格式及说明正确，每错一处扣0.2分，扣完为止	
			2	符号表达正确，每错一处扣0.5分，扣完为止	
2	顶面布置图	16	2	房型及比例正确，每错一处扣1分，扣完为止	
			4	标注及标高正确，每错一处扣1分，扣完为止	
			5	吊顶正确及灯具布置，每错一处扣0.5分，扣完为止	
			3	图例表达正确，每错一处扣1分，扣完为止	
			2	图名及文字说明正确，每错一处扣1分，扣完为止	

续表

<table>
<tr><td colspan="3">试题代码及名称</td><td colspan="2">1.2.10　用 CAD 软件临摹居住建筑室内装饰设计方案图纸 10</td><td>考核时间</td><td>180 min</td></tr>
<tr><td colspan="2">评价要素</td><td>配分</td><td>分值</td><td>评分标准</td><td colspan="2">得分</td></tr>
<tr><td rowspan="4">3</td><td rowspan="4">立面图</td><td rowspan="4">8</td><td>2</td><td>图形正确、线型正确，每错一处扣 1 分，扣完为止</td><td colspan="2"></td></tr>
<tr><td>2</td><td>符号表示正确，每错一处扣 1 分，扣完为止</td><td colspan="2"></td></tr>
<tr><td>2</td><td>图名及文字说明正确，每错一处扣 1 分，扣完为止</td><td colspan="2"></td></tr>
<tr><td>2</td><td>立面家具样式尺寸正确，每错一处扣 0.5 分，扣完为止</td><td colspan="2"></td></tr>
<tr><td colspan="2">合计配分</td><td>50</td><td colspan="2">合计得分</td><td colspan="2"></td></tr>
</table>

考评员（签名）：